化学计量学

甘　峰　编著

科学出版社

北　京

内 容 简 介

本书包含化学计量学的核心内容，详细阐述各种方法的原理。同时，本书提供了相应的Octave代码，便于读者在学习过程中将各种方法所涉及的算法与其实际应用相结合。本书的主要内容有：化学信号类型及数学模型，向量信号的滤噪和基线扣除，化学因子分析，多维曲线分辨，多元校正，机器学习简介。

本书可作为高等学校化学专业的研究生教材，也可供从事联用色谱分析、近红外光谱定量分析等领域的分析工作者参考。

图书在版编目(CIP)数据

化学计量学/甘峰编著. —北京：科学出版社，2023.8
ISBN 978-7-03-076227-6

Ⅰ. ①化… Ⅱ. ①甘… Ⅲ. ①化学计量学 Ⅳ. ①O6-04

中国国家版本馆CIP数据核字(2023)第153872号

责任编辑：赵晓霞／责任校对：杨 赛
责任印制：赵 博／封面设计：迷底书装

科学出版社出版
北京东黄城根北街16号
邮政编码：100717
http://www.sciencep.com
中煤（北京）印务有限公司印刷
科学出版社发行 各地新华书店经销
*
2023年8月第 一 版 开本：787×1092 1/16
2024年5月第二次印刷 印张：9 3/4
字数：227 000
定价：58.00元
(如有印装质量问题，我社负责调换)

前　言

作者于 1987~1990 年在复旦大学攻读硕士学位，其间选学了祝大昌先生开设的“化学计量学”课程，这是作者首次接触这门学科。在与祝先生的交流中，先生多次提及化学计量学对于分析化学的重要性，鼓励作者在这个领域进行深入学习。1997~2001 年，作者到湖南大学做访问学者并攻读博士学位，师从梁逸曾先生系统学习化学计量学。2003 年起，作者在中山大学讲授研究生的“化学计量学”课程。从作者自身的体会以及学生的反映来看，化学计量学确实属于化学学科中较为艰深的一门课程。如何能够较好、较快地掌握化学计量学的基本内容，是作者经常思考的一个问题。这也是作者编写本书的原因。

本书面向初学化学计量学，以及未经完整的训练但已经在日常工作中应用化学计量学方法的读者。如何从繁多的文献资料中选取合适的内容，对作者而言是一个不小的挑战。本书列举了作者认为需要掌握的内容，在内容的陈述上也尽可能地兼顾细致和简洁。读者通过学习本书的内容，应该能够掌握化学计量学较为核心的部分。在此基础上再去涉猎其他内容，就比较容易了。

学习化学计量学首先需要解决两个问题，一是读者必须具有一定的线性代数基础；二是读者具有一定的程序编写能力。对于第一个问题需要读者自己去解决。作者建议读者去查看一些相对简单的数学书籍。对于第二个问题，作者提供了一个最简单的解决方案：在本书中提供了用 Octave 语言编写的程序代码。Octave 是一个开放源代码的科学计算及数值分析工具，它与 MATLAB 语法兼容，虽然不如 MATLAB 强大，但是基本的功能均已具备。对于无法负担 MATLAB 的高价格的人而言，Octave 是一个很好的选择。特别是它的 demo 功能，对于初学者了解程序的运行方式尤其适合。作者强烈建议读者自己把这些代码输入计算机中，这会更有助于理解各种算法。如果读者确实不愿意自己输入代码，也可以跟作者联系。

在本书编写过程中，得到了许多同行的帮助，在此一并致谢。书中存在的疏漏和不足之处，均是作者本人的学识未臻所致，欢迎指正。

甘　峰

2022 年 10 月于中山大学

目　　录

绪 论

化学计量学这个词汇是瑞典人 Swante Wold 在 1971 年提出的，他在申请一项科研基金时希望构造一个合适的关键词，他仿照 econometrics（计量经济学）一词用瑞典语构造了 kemometri 一词，其是 kemo 和 metri 两个词根的结合体。kemometri 一词在英文中的对应词汇是 chemometrics，中文翻译为化学计量学。1974 年 6 月，Wold 与美国人 Bruce Kowalski 建议成立国际化学计量学学会，他们最初对化学计量学给出的定义是：化学计量学是一门通过统计学或数学方法对化学体系的测量值与体系的状态值之间建立联系的学科。

当前，化学计量学已经发展成为一个比较庞大的体系，包含的内容也已经超出了 Wold 和 Kolwaski 当初的想象。要想完整地介绍化学计量学的所有领域已成为一件非常艰巨的工作。作者的导师梁逸曾教授与吴海龙教授、俞汝勤院士一起完成了这一项看似不可能完成的任务，他们编写的《分析化学手册. 10. 化学计量学》（第三版）似可比拟成化学计量学的百科全书。不过，要让初学者去研读这部手册难度较大。

本书即为初学者所撰写。

第 1 章介绍几种常用的信号模型及其对应的数学模型，这是初学者最好的切入点。对于化学工作者而言，他们对测量信号并不陌生，但是对于信号背后蕴含的数学形式却未必熟悉。特别是，长期以来人们已经习惯了单一波长情况下的朗伯-比尔定律，当遇到向量形式、矩阵形式和张量形式的表述，通常都会感到困惑。带着这种困惑去学习化学计量学往往事倍功半。本章一步一步将经典的朗伯-比尔定律拓展到高维空间，让初学者逐步适应测量信号的数学表述方式。

第 2 章介绍几种向量信号的滤噪和平滑方法，既包含经典的方法，也包含最新的方法。其中的经典方法如累加平均法、Savitzky-Golay 法和傅里叶变换方法具有快速、有效的特点，是当前测量仪器中普遍采用的滤噪方法。基于 Whittaker 平滑器的滤噪和基线扣除方法是近年才被发掘出来的方法，在滤噪和平滑方面具有独特的优势，基于它建立的基线扣除方法也是当前最为简洁有效的方法。

第 3 章介绍化学因子分析方法。本章中介绍抽象因子分析法时着重介绍非线性迭代偏最小二乘法。这种方法属于经典的方法，在计算机技术尚不发达的年代，它是一种有效的方法。当前的计算机技术采用奇异值分解方法对大数据进行分析基本可行，但是如果涉及超大型的数据分析，还是需要寻找其他的方法，非线性迭代偏最小二乘法是其中的一个选项。本章也将演进因子分析中的两种经典方法归入化学因子分析部分进行介绍，这两种方法是数学理论应用到化学测量数据分析中的极好范例。

第 4 章介绍多维曲线分辨。与常用的因子分析法不同，多维曲线分辨方法致力于获得化学体系的真实因子的谱形态，而非停留在采用抽象因子信息来表征化学组分的信息。自模式曲线分辨方法可被视作一项具有里程碑意义的工作，它首次向化学工作者展示了采用纯粹的数学方法来估计化学组分的谱形态的可行解域。另外一项具有里程碑意义的工作是梁逸曾等提出的直观推导式演进特征投影算法。他们提出了纯组分区域的概念，构建的数学方法也首次实现了从二维联用色谱体系测得的矩阵信号中得到组分的浓度曲线和光谱曲线的准确数学解。本章中还对三维分辨做了一定程度的介绍，但仅侧重于交替三线性分解相关的方法。由于三维数据蕴含从中获得唯一解的内在禀性，应视为化学中最具潜力的数据类型，或许会成为实现分析化学数学化的重要基石。

第 5 章介绍多元校正。除了常见的多元线性回归、主成分回归和偏最小二乘回归之外，还介绍了逐步回归分析。尽管当前的化学计量学领域偏重于波长选择之类的策略，但是对于初学者而言，从逐步回归分析开始，再进一步了解当前的波长选择方法，或许是更好的学习步骤。

第 6 章介绍机器学习最基本的内容。当前，人工智能的发展超乎想象，从能够击败人类顶级围棋选手的 AlphaGo 围棋人工智能程序，到可以独立进行化学实验的机器人化学家等，已经向化学工作者昭示一个全新时代的到来。可以预期，未来的化学研究领域必将是人工智能技术大显身手的重要领域之一。这一章的内容只涉及机器学习最基本的内容，读者掌握了这些基本内容之后，可以凭借自身的拓展学习和实践，进一步了解这个领域的更多内容。

第 1 章　化学信号类型及数学模型

化学计量学是从化学测量信号中获取信息的一门学科。然而，要想从测量信号中获得正确的信息，首先必须对信号的类型有正确的认识，然后才能构建正确的信号模型，最后借助合适的数学工具从测量信号中提取相应的信息。本章主要对化学测量中一些常见的信号类型进行介绍，并构建对应的数学模型。

1.1　标量信号及其数学模型

在经典定量分析中，经常要测量质量、体积等物理量，在此基础上计算浓度、质量分数等。这些量的一个显著特点是可以用一个标量来描述它们。例如，对一个纯物质样品进行称量，得到其质量 m。然后，我们将该样品配制成溶液，稀释定容到容量瓶的刻度线就可以确定该溶液的体积 V，最后基于质量和体积计算其浓度 $c = m/V$。所有这些测量量的共同特点是：它们都可以用一个且仅用一个数字来表示，即用一个标量来表示。我们称这类测量信号为标量信号。

实际上，标量信号并不只限于经典定量分析中，在仪器分析出现之后的很长一段时间，人们依然沿袭了经典定量分析中采用标量信号的习惯。例如，在运用紫外-可见分光光谱技术进行定量分析时，虽然可以得到一个化学体系在一段波长范围内的光谱，但是在将光谱信息用于定量分析时，依然习惯性地采用某个波长处的吸光度值而非整个光谱。

表 1.1 为邻二氮菲测铁实验得到的一组数据，它由不同浓度的标准样品溶液在 550 nm 处测得的吸光度值构成。这个表中虽然包含了 6 组测量值（对应序号 $1 \sim 6$），但是每组数据之间并不相关，或者说它们是独立测量的结果。以序号 3 的数据为例，我们用单一的一个数值 0.8 来表征其对应样品溶液中的铁含量，同时用另一个单一的数值 0.150 来表征测量该样品时得到的吸光度值。这些单一的数值就是标量信号。

表 1.1　邻二氮菲测铁实验数据

序号	浓度/（mg/L）	吸光度
1	0.0	0.000
2	0.4	0.072
3	0.8	0.150
4	1.2	0.238
5	1.6	0.315
6	2.0	0.389

图 1.1 为将表 1.1 中的吸光度值对浓度值作图，横坐标代表浓度值而纵坐标代表吸光度值，每个圆点对应于一个标准样品的浓度值和吸光度值。从这个图中可以看到，这些点应该在一条直线上。这种测量信号强度与浓度之间呈现线性关系的规律在溶液体系中反复出现，朗伯、比尔等对此进行了研究，最终形成了人们熟知的朗伯-比尔定律。

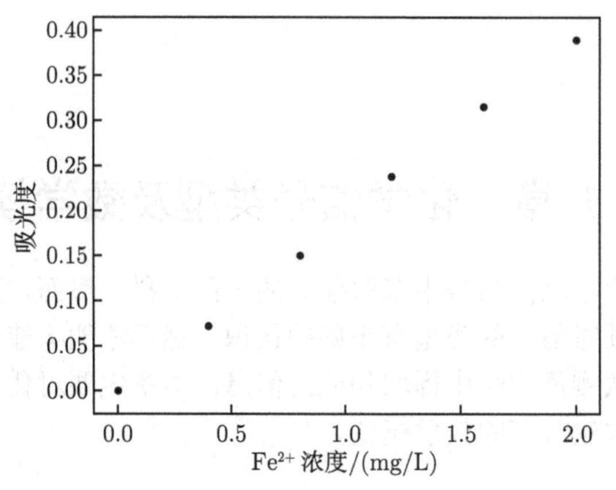

图 1.1　吸光度对 Fe^{2+} 浓度作图

朗伯-比尔定律所描述的线性关系，让人们很自然地采用数学中的线性方程来描述，常见的形式如式（1.1）所示。

$$A = kbc + e \tag{1.1}$$

式中，A 是吸光度；k 是摩尔吸光系数；b 是光程长度；c 是样本中某个组分的摩尔浓度；e 是测量误差。

式（1.1）也常称为校正方程，其优势在于：一旦建立了该方程，就可通过它计算出未知样品中待测组分的浓度，如式（1.2）所示。

$$c_x = \frac{A_x - e}{kb} \tag{1.2}$$

式中，A_x 是从未知样品测得的吸光度；c_x 是未知样品中相应组分的浓度。

这里要强调一下，上述的线性方程是一个有条件的方程。首先，它仅在一定的浓度范围内成立，并且只能根据实验结果来确定其线性范围。其次，参数 k 虽然反映了样品内在的光学属性，但它的值是与实验条件和仪器状况相关的量。同一个样品在不同的仪器上通常具有不同的 k 值，并且在同一台仪器、不同的实验条件下也具有不同的 k 值。所以，对于同样的待测物必须重复建立校正方程。最后，测量误差项 e 还可以细分为随机误差项 ε 和非随机误差项 η。随机误差通常由测量过程中的随机性因素所致。而非随机误差项的含义比较宽泛，如基体效应对于一个样品而言大致是固定的，因而它会产生一个大致固定的响应值。所以，式（1.1）更为合适的形式应为

$$A = kbc + \eta + \varepsilon \tag{1.3}$$

式（1.3）所描述的信号强度与浓度的线性关系，虽然是基于对紫外-可见分光光谱技术的讨论而建立的，但它具有普适性。其他的仪器分析技术，如原子吸收光谱技术、原子发射光谱技术、分子荧光光谱技术等，在一定的浓度范围内也可以用式（1.3）来描述。由于 b 通常是固定值（如比色皿的宽度常为 1 cm），不失一般性，我们可以用变量 s 替换 kb，并用式（1.4）来描述标量信号。

$$y = sc + e \tag{1.4}$$

式中，y 统称为信号强度，不特别指明它是吸光度还是发射强度。本书中把这种抽象化的信号强度与浓度的线性关系称为标量信号的数学模型。

标量信号由于在记录和处理方面较为简便，一直在定量分析领域中广泛使用。但是，随着对分析化学的要求越来越高，标量信号所能提供的信息量及解决方案已经不能满足需要，科学家开始借助向量信号建立各种分析方法。

1.2　向量信号及其数学模型

计算机技术极大地推动了分析仪器的发展，使得分析化学能够很容易地从时间或空间维度对化学体系进行测量，由此得到了包含更多信息的化学测量信号。图 1.2 为采用 HPLC-DAD 技术对香港大气颗粒物中多环芳烃进行分析得到的色谱图之一，它对应于 257 nm 处的信号强度随时间的变化。通常情况下，每一个色谱峰代表一个组分，由此可以将复杂化学体系中的组分信息展示出来。

图 1.2 所示的色谱图是由 1715 个数据点构成的，数据的采集间隔约为 0.02 s，它反映的是体系在时间维度上的信息。这些数据在计算机中的存储模式是一个数据序列，在数学上可以用向量的方式来表达，因而可称为向量信号。将图 1.2 中保留时间在 21.31 min 处的紫外光谱图提取出来，得到如图 1.3 所示的光谱图。类似地，该光谱数据也构成一个向量信号。

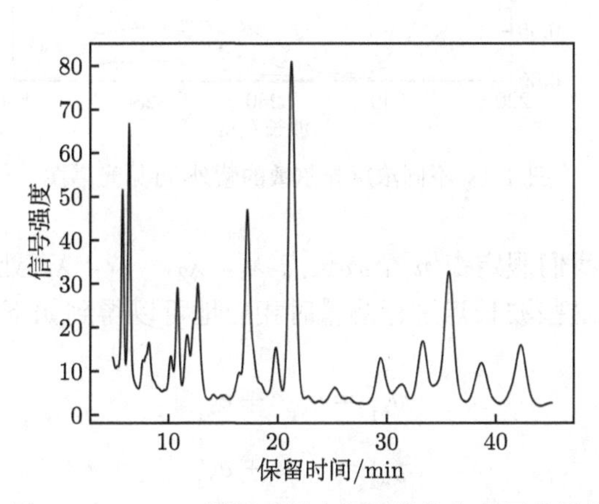

图 1.2　用 HPLC-DAD 测量香港大气颗粒物中多环芳烃的色谱图

相对于标量信号，向量信号所包含的信息显然更多。例如，图 1.2 的向量信号将一个样品中的组分信息尽数包含其中，可以根据保留时间的数值进行粗略的定性分析，也可以根据色谱峰面积对相应的组分进行定量分析，这是标量信号难以实现的。而图 1.3 中的谱信息也比单一波长处的信号强度包含了更多的分子结构方面的信息。

图 1.4 为不同浓度的扑尔敏溶液的紫外-可见光谱图。图中的每一条光谱曲线是单位浓度样品测得的光谱乘以浓度值的结果，浓度值不同只会使得光谱产生纵向的增大或缩小，并不会改变光谱的形态。如果将所有的光谱做归一化，则可以更好地揭示这一点。建议读者找一些光谱数据，亲自测试。

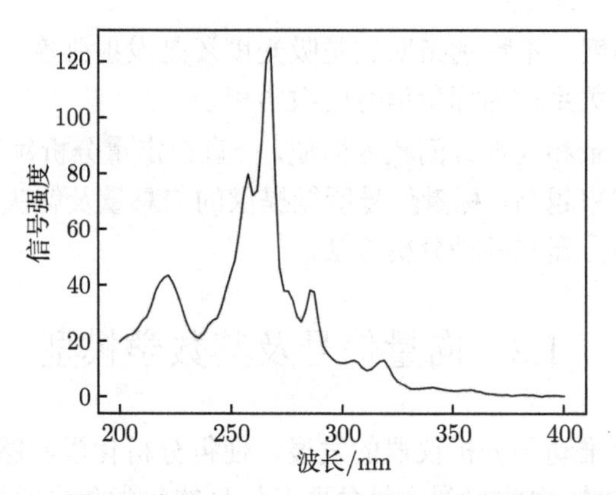

图 1.3　图 1.2 中的 21.31 min 处提取出来的紫外光谱图

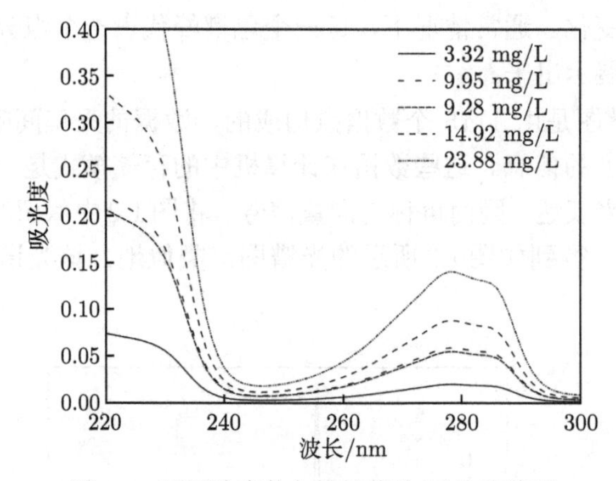

图 1.4　不同浓度扑尔敏的紫外-可见光谱图

基于上述的结果，我们假定在 n 个波长点 λ_1，λ_2，$\cdots$，λ_n 处信号强度与浓度之间的线性关系均成立，则在这些波长点进行测量时相应地可以得到如下的关系式：

$$\begin{aligned} y_{\lambda_1} &= s_{\lambda_1} c + e_{\lambda_1} \\ y_{\lambda_2} &= s_{\lambda_2} c + e_{\lambda_2} \\ &\vdots \\ y_{\lambda_n} &= s_{\lambda_n} c + e_{\lambda_n} \end{aligned} \tag{1.5}$$

采用向量的形式来描述式（1.5）是一个更好的办法，如：

$$\boldsymbol{y}_{n\times 1} = \begin{bmatrix} y_{\lambda_1} \\ y_{\lambda_2} \\ \vdots \\ y_{\lambda_n} \end{bmatrix} = \begin{bmatrix} s_{\lambda_1} c \\ s_{\lambda_2} c \\ \vdots \\ s_{\lambda_n} c \end{bmatrix} + \begin{bmatrix} e_{\lambda_1} \\ e_{\lambda_2} \\ \vdots \\ e_{\lambda_n} \end{bmatrix}$$

$$= \begin{bmatrix} s_{\lambda_1} \\ s_{\lambda_2} \\ \vdots \\ s_{\lambda_n} \end{bmatrix} c + \begin{bmatrix} e_{\lambda_1} \\ e_{\lambda_2} \\ \vdots \\ e_{\lambda_n} \end{bmatrix} = \boldsymbol{s}_{n\times 1}c + \boldsymbol{e}_{n\times 1} \tag{1.6}$$

这里，我们将 $\boldsymbol{y}$ 称为吸光度向量，其每一个元素是在某个波长点的吸光度值；$\boldsymbol{s}$ 称为吸光系数向量，其每个元素是在某个波长点的吸光系数值。对于单一组分而言，向量 $\boldsymbol{s}$ 可视为单位浓度的光谱形态，因而称其为该组分的光谱向量。在不需要特别强调向量的维数的情况下可以将下标去掉，式（1.6）可以用更简洁的方式表述如下：

$$\boldsymbol{y} = \boldsymbol{s}c + \boldsymbol{e} \tag{1.7}$$

至此，我们完成了比尔定律的一个拓展，即从单波长扩展到了多波长情形。式（1.7）也称为向量信号的数学模型。这里补充说明一下，当谈及向量时一般指列向量，并且用黑体、小写字母表示。

1.3　矩阵信号及其数学模型

细心的读者可能会问一个问题，既然图 1.2 和图 1.3 的向量信号是从同一个 HPLC-DAD 数据中截取出来的，那么这两个向量信号结合起来是否会比单独的向量信号包含更多的信息呢？事实确实如此！图 1.5 是将保留时间为 20.5 ~ 22.5 min 的一段数据截取出来绘制的三维视图，它实际上表达的是在一段保留时间范围内和一段波长范围内的信号强度，它包含的信息量显然要比单独采用某个保留时间或者某个波长的信息量更丰富。

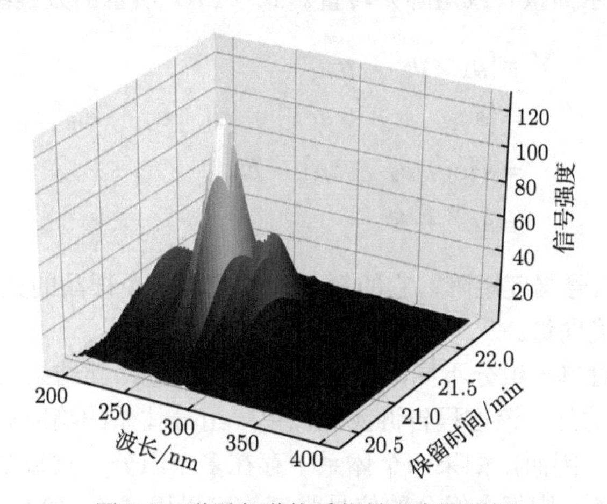

图 1.5　联用色谱体系信号强度图示例

例如，图 1.3 实际上是从图 1.5 对应的测量信号中截取出来的向量信号，根据其保留时间位置来看，它似乎应该是单一组分的紫外-可见光谱。然而，从图 1.5 的三维图形来看，在这段保留时间范围内应该包含两个不同色谱变化形态，这意味着它（至少）包含两个化学组分。这表明图 1.3 所示的光谱可能不是纯组分光谱图。在第 4 章中我们将看到矩阵数据为复杂体系的分辨提供了基础，而这是向量数据所无法做到的。

图 1.5 所示的图形通常可以用仪器的 3D View 视图功能来显示。如果利用仪器中的导出数据功能，则可以得到一张包含了信号强度的数据表格。从数学角度看，数据表格均可表达为一个矩阵，因而图 1.5 对应的信号通常也称为矩阵信号。有一点必须强调，上述矩阵信号虽然以三维图形的方式来展现，但其控制因素实际上是保留时间和波长，因而在化学计量学领域也将这类信号所对应的数据称为二维数据（two-dimensional data array, two-way data array）。

矩阵信号的数学模型可以通过对向量信号的数学模型做拓展来得到。假设配制了 m 个浓度分别为 c_1，c_2，$\cdots$，c_m 的样品溶液。理论上来说，化学物质的光谱形态仅取决于物质结构，不会因为浓度的改变而发生改变，因而不同浓度下的光谱向量 $\boldsymbol{s}$ 的形状均保持不变，据此并基于式（1.7）可以写出该体系中各样品的向量信号方程，如下：

$$\begin{aligned} \boldsymbol{y}_1 &= \boldsymbol{s}c_1 + \boldsymbol{e}_1 \\ \boldsymbol{y}_2 &= \boldsymbol{s}c_2 + \boldsymbol{e}_2 \\ &\vdots \\ \boldsymbol{y}_m &= \boldsymbol{s}c_m + \boldsymbol{e}_m \end{aligned} \tag{1.8}$$

定义如下的矩阵和向量（按照惯例矩阵用黑体大写字母表示）：

$$\boldsymbol{Y} = [\boldsymbol{y}_1 \quad \boldsymbol{y}_2 \cdots \boldsymbol{y}_m] \tag{1.9}$$

$$\boldsymbol{c} = [c_1 \quad c_2 \cdots c_m]^{\mathrm{T}} \tag{1.10}$$

$$\boldsymbol{E} = [\boldsymbol{e}_1 \quad \boldsymbol{e}_2 \cdots \boldsymbol{e}_m] \tag{1.11}$$

式（1.10）中的 T 表示向量（或矩阵）转置。式（1.8）所示的方程组可以表达如下：

$$\begin{aligned} \boldsymbol{Y} &= [\boldsymbol{y}_1 \quad \boldsymbol{y}_2 \ldots \boldsymbol{y}_m] \\ &= [\boldsymbol{s}c_1 \quad \boldsymbol{s}c_2 \cdots \boldsymbol{s}c_m] + [\boldsymbol{e}_1 \quad \boldsymbol{e}_2 \cdots \boldsymbol{e}_m] \\ &= \boldsymbol{s}[c_1 \quad c_2 \cdots c_m] + \boldsymbol{E} \\ &= \boldsymbol{s}\boldsymbol{c}^{\mathrm{T}} + \boldsymbol{E} \end{aligned} \tag{1.12}$$

式中，矩阵 $\boldsymbol{Y}$ 称为信号强度矩阵，它的每一列对应着一个样品的光谱向量；$\boldsymbol{E}$ 称为测量误差矩阵；$\boldsymbol{c}$ 称为浓度向量。

式（1.12）表明对单一组分不同浓度的样品进行测量，其结果可以用一个信号强度矩阵来表达。更为重要的是，该方程告诉我们：单一组分体系的响应矩阵可以表达为光谱向量和浓度向量的外积。因而，如果一个体系中存在多个组分，且每个组分的信号强度与浓度之间均存在线性关系，则每个组分的信号强度均可以用式（1.12）来表达。体系总的信号强度将会怎样呢？在回答这个问题之前，我们再来看一组实验结果。

图 1.6 为四种物质的水溶液的紫外-可见光谱图，图 1.7 则是将它们按照一定的浓度进行混合得到的混合体系的紫外-可见光谱图，从中可以看到波长在 230 ～ 300 nm 的混合溶液体系的光谱等于各纯组分光谱的线性加和。

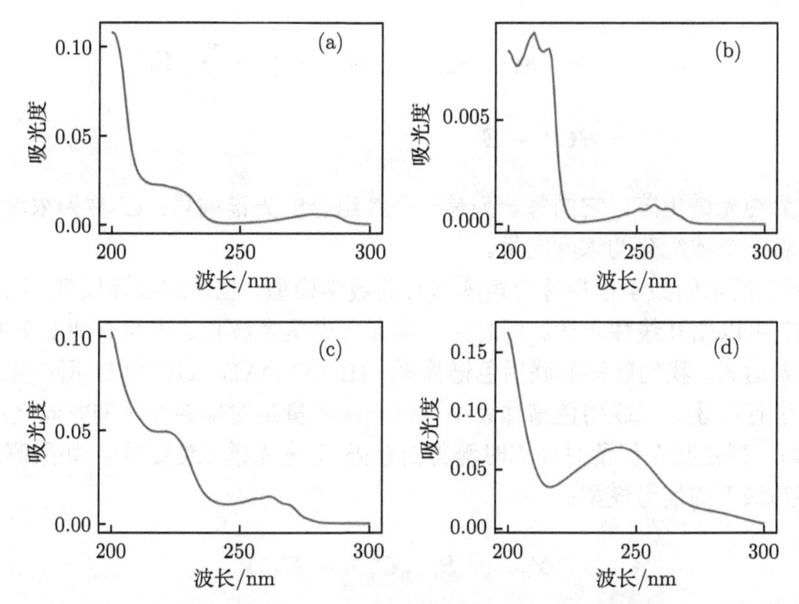

图 1.6　扑尔敏 (a)、对乙酰氨基酸 (b)、盐酸伪麻黄碱 (c) 和溴酸右美沙芬 (d) 四种纯物质的紫外-可见光谱图

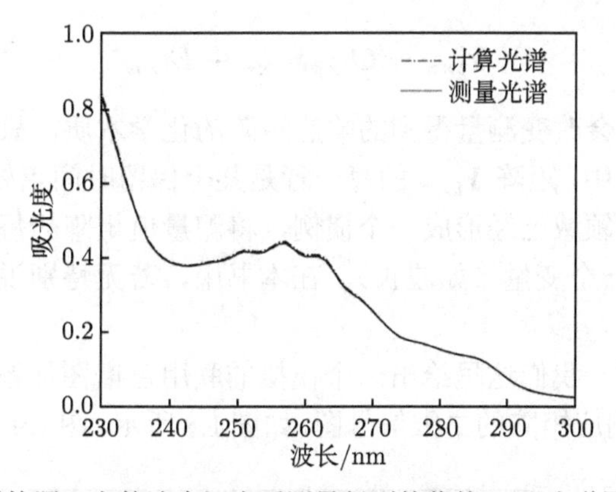

图 1.7　实线是四种物质按照一定的浓度混合后测量得到的紫外-可见光谱图，虚线是四种单位浓度纯物质光谱图与对应的浓度相乘后再相加得到的光谱图

依据这个实验结果，当体系中有多个组分且各组分的响应值加和后等于体系的实际测量的响应值的时候，我们可以直接采用式（1.12）来构建体系的响应模型。设一个体系由 p 个有响应的组分构成，每个组分的光谱向量为 $\boldsymbol{s}_1$，$\boldsymbol{s}_2$，$\cdots$，$\boldsymbol{s}_p$，浓度向量为 $\boldsymbol{c}_1$，$\boldsymbol{c}_2$，$\cdots$，$\boldsymbol{c}_p$，该体系的响应值矩阵为 $\boldsymbol{Y}$，则根据式（1.12）可得

$$\begin{aligned}\boldsymbol{Y} &= \boldsymbol{Y}_1 + \boldsymbol{Y}_2 + \cdots + \boldsymbol{Y}_p + \sum_{i=1}^{p} \boldsymbol{E}_i \\ &= \boldsymbol{s}_1\boldsymbol{c}_1^{\mathrm{T}} + \boldsymbol{s}_2\boldsymbol{c}_2^{\mathrm{T}} + \cdots + \boldsymbol{s}_p\boldsymbol{c}_p^{\mathrm{T}} + \sum_{i=1}^{p} \boldsymbol{E}_i\end{aligned}$$

$$
\begin{aligned}
&= [\boldsymbol{s}_1 \quad \boldsymbol{s}_2 \cdots \boldsymbol{s}_p][\boldsymbol{c}_1 \quad \boldsymbol{c}_2 \ldots \boldsymbol{c}_p]^{\mathrm{T}} + \sum_{i=1}^{p} \boldsymbol{E}_i \\
&= \boldsymbol{S}\boldsymbol{C}^{\mathrm{T}} + \boldsymbol{E}
\end{aligned} \tag{1.13}
$$

式中，$\boldsymbol{S}$ 称为纯光谱矩阵，它的每一列是一个纯组分的光谱向量；$\boldsymbol{C}$ 称为浓度矩阵，它的每一列对应着一个纯组分的浓度向量。

式 (1.13) 所示的数学模型称为矩阵信号的数学模型，也称双线性模型，因为在这个模型中 $\boldsymbol{S}$ 和 $\boldsymbol{C}$ 可以相互线性表达。同时，它实际上也是多波长、多组分情况下的朗伯-比尔定律的数学表达式。我们熟知的联用色谱体系（HPLC-DAD、GC-MS）所产生的数据可用该数学模型进行描述。在联用色谱体系中，每一次测量是对体系在时间方向上的一次采样，所以 $\boldsymbol{Y}$ 的每一列是某个保留时间点时测得的紫外-可见光谱 (或质谱)。如果测量了 t 个时间点，则得到如下的信号模型：

$$
\boldsymbol{Y}_{n\times t} = \boldsymbol{S}_{n\times p}\boldsymbol{C}_{p\times t} + \boldsymbol{E}_{n\times t} \tag{1.14}
$$

这里，我们去掉了上标表示转置的符号“T”，在矩阵大小采用了显式表达的情况下，这种简化做法不会造成误解且可提供便利性。对式 (1.14) 中的各项进行旋转操作，式 (1.14) 可重新表述为

$$
\boldsymbol{Y}_{t\times n} = \boldsymbol{C}_{t\times p}\boldsymbol{S}_{p\times n} + \boldsymbol{E}_{t\times n} \tag{1.15}
$$

这种矩阵的旋转不会改变测量得到的响应矩阵的化学本质，只是在排列数据方面做了一些调整。在式 (1.15) 中，矩阵 $\boldsymbol{Y}_{t\times n}$ 的每一行是某个保留时间点处测得的光谱向量，即一个采样。在化学计量学领域已经形成一个惯例，将测量值矩阵的每一行对应一个样品（或采样），而每一列对应一个变量（如波长）。在本书中，若无特别说明，测量得到的矩阵数据均按这种方式表达。

为了便于读者理解，我们这里给出一个模拟的联用色谱图体系的色谱图（浓度形态）、光谱图（光谱形态）及响应矩阵的二维信号图，如图 1.8 所示。图 1.9 则为该体系的三维视图。

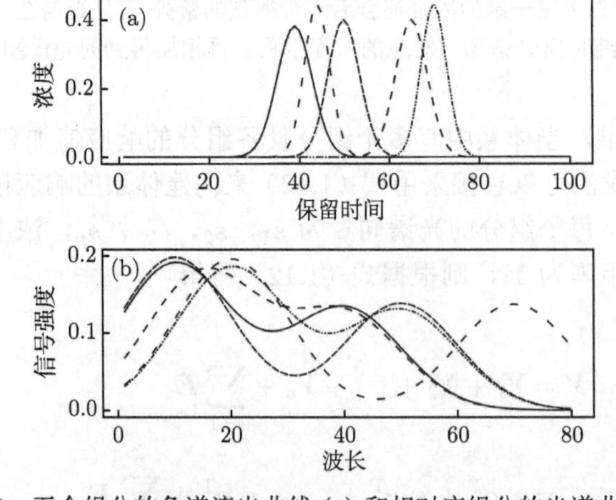

图 1.8　五个组分的色谱流出曲线 (a) 和相对应组分的光谱曲线 (b)

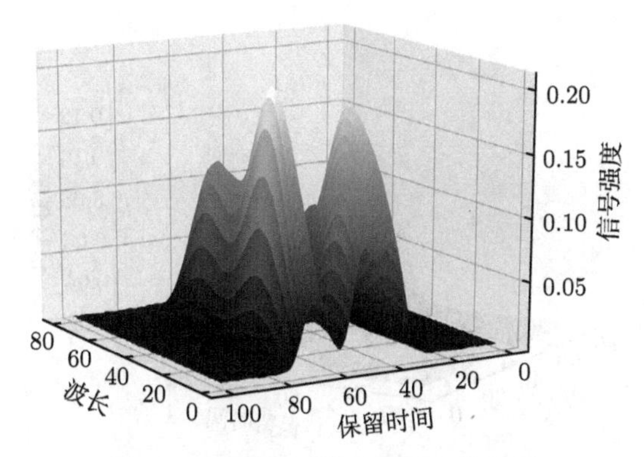

图 1.9　色谱体系的总响应三维视图

这里要说明的是，这两个图中的坐标单位按照行、列数来表达，这是做模拟体系的惯常做法。对于实际的联用色谱数据，则需要按照实际的保留时间值和波长（或质荷比）值进行表达。化学计量学研究中，模拟体系的构建至关重要，因为它提供了一个真值参考。一个化学计量学方法是否可用于实际体系，首先必须通过这个模拟体系的检验。

1.4　张量信号及其数学模型

我们还能够增加数据的维度吗？我们又可以怎样来增加数据的维度？

为了理解张量信号的数学结构，让我们重新审视一下式（1.12），它实际上描述了单一组分的响应模式与组分特征量之间的关系，且该组分的光谱向量为 $\boldsymbol{s}$ 而色谱向量为 $\boldsymbol{c}$。图 1.10 所示为图 1.9 中第 3 个组分的色谱形态和光谱形态，图 1.11 为该组分的总响应谱图。我们可以将图 1.10 和图 1.11 理解为从图 1.8 和图 1.9 中抽取出来的成分。

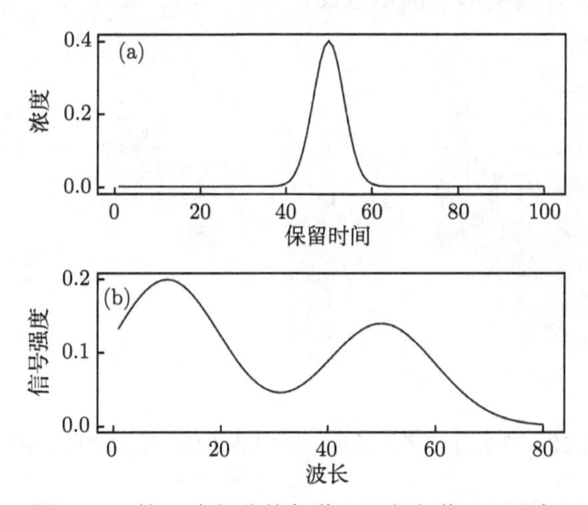

图 1.10　第 3 个组分的色谱 (a) 和光谱 (b) 形态

我们现在问一个非常关键的问题：当实验条件固定时，该组分的色谱形态和光谱形态是否会保持不变？很显然，在实验条件不变的情况下，该组分的化学和物理性质均不会发生改变，因而该组分的光谱形态和浓度曲线形态是不变的。所以，我们可以不关心向量 $\boldsymbol{s}$ 和 $\boldsymbol{c}$

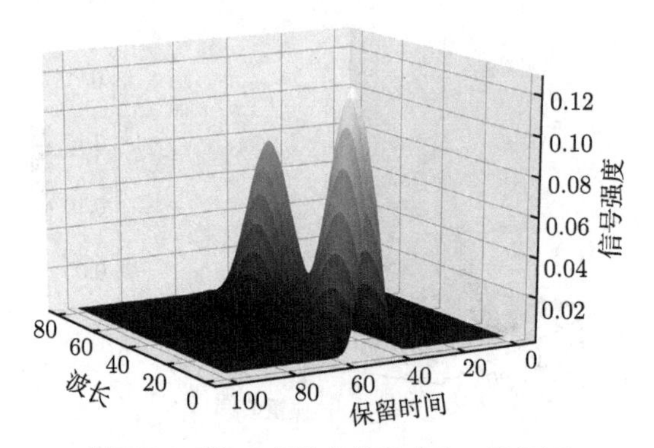

图 1.11　第 3 个组分的总响应三维视图

具体取值的大小，而仅关心其形态。将 $\boldsymbol{s}$ 和 $\boldsymbol{c}$ 做归一化操作，即 $\boldsymbol{s}=\boldsymbol{s}/||\boldsymbol{s}||$ 和 $\boldsymbol{c}=\boldsymbol{c}/||\boldsymbol{c}||$。此时，式（1.12）可以重写为

$$\boldsymbol{Y}=k\boldsymbol{s}\boldsymbol{c}^{\mathrm{T}}+\boldsymbol{E}\quad(||\boldsymbol{s}||=1,||\boldsymbol{c}||=1)\tag{1.16}$$

式中，k 是一个与体系中该组分的浓度成正比的量。如果我们对该组分不同浓度的样品进行测量，则可以得到一系列的 $\boldsymbol{Y}_l\,(l=1,2,\cdots,L)$。把这一系列的响应矩阵汇集起来，可以表达成单一组分的三维数据阵列 $\underline{\boldsymbol{Y}}$：

$$\underline{\boldsymbol{Y}}=\boldsymbol{s}\otimes\boldsymbol{k}\otimes\boldsymbol{c}+\underline{\boldsymbol{E}}\tag{1.17}$$

式中，$\otimes$ 表示张量积。向量 $\boldsymbol{k}$ 只是形式上的表示，其本质上是一系列的 $k_l\,(l=1,2,\cdots,L)$ 值。图 1.12 为式（1.17）真实形态的示意图。

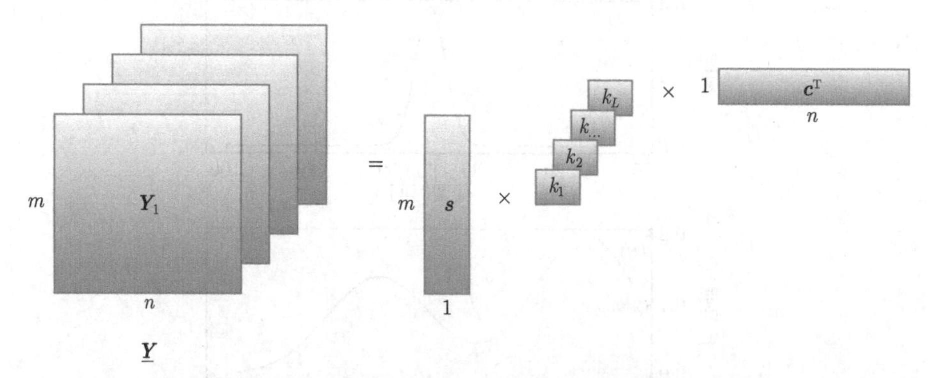

图 1.12　单组分、多波长点、多样品体系三维数据阵列示意图

式（1.17）可以直接拓展到多组分体系。如果体系包含了 F 个组分，则三维数据阵列 $\underline{\boldsymbol{Y}}$ 可用式（1.18）表示：

$$\underline{\boldsymbol{Y}}=\sum_{f=1}^{F}\boldsymbol{s}_f\otimes\boldsymbol{k}_f\otimes\boldsymbol{c}_f\tag{1.18}$$

上述的三维模型实质上就是 Cattell 的平行因子（parallel proportional profiles）思想的一个实例。化学体系自身的确定性的特征使得这种三维模型的建立和应用成为非常自然的事情。

需要补充说明，式（1.18）是三维数据阵列的表达方式之一，还有其他形式的表达方式，这里不再展示。从本质上说，式（1.18）只是形式上的表达方式，并非真实的状况。当前仪器的数据产生方式还是二维的，并且计算机中数据的存储方式也还是平面的，所以三维数据阵列的表述形式实质上还是示意性的。鉴于三维数据本质上是二维数据的堆叠，应更多地从图 1.12 来理解三维数据的实质。

1.5　表面吸附型传感器的信号模型

前述的信号模型主要涉及稀溶液体系的响应信号与溶液本体中组分浓度的线性关系，即熟知的朗伯-比尔定律。在化学中还有另外一类响应信号，它基于传感器的响应值与其表面吸附的气相分子的量之间的关系，这类响应关系常见于半导体型传感器。

Yamazoe 等对半导体型传感器的响应与表面吸附的气相分子的量关系进行了研究，指出半导体型传感器的信号强度与其表面多孔层中的吸附的气相分子的量之间存在线性关系，即

$$r^{(\mathrm{A})}=\gamma^{(\mathrm{A})}m^{(\mathrm{A})} \tag{1.19}$$

式中，上标（A）表示气体分子 A；r 是传感器的总信号强度；m 是传感器的总吸附量；γ 是单位吸附量的信号强度。参数 γ 可视为气体分子 A 的气味常数。

郭伟清等将式（1.19）应用于由 k 个传感器组成的传感器阵列，得到如下的方程：

$$r_i^{(\mathrm{A})}=\gamma_i^{(\mathrm{A})}m_i^{(\mathrm{A})}\qquad i=1,2,\cdots,k \tag{1.20}$$

式中，r_i 是第 i 个传感器的响应值；γ_i 是第 i 个传感器上的气味常数；m_i 是组分在第 i 个传感器上的总吸附量。如果我们在 t 个时间点对传感器阵列进行测量，则可得到如下的响应矩阵：

$$\begin{aligned}\boldsymbol{R}_{t\times k}&=\begin{bmatrix} r_{11}^{(\mathrm{A})} & r_{12}^{(\mathrm{A})} & \cdots & r_{1k}^{(\mathrm{A})}\\ r_{21}^{(\mathrm{A})} & r_{22}^{(\mathrm{A})} & \cdots & r_{2k}^{(\mathrm{A})}\\ \vdots & \vdots & & \vdots\\ r_{t1}^{(\mathrm{A})} & r_{t2}^{(\mathrm{A})} & \cdots & r_{tk}^{(\mathrm{A})}\end{bmatrix}\\ &=\begin{bmatrix} m_{11}^{(\mathrm{A})} & m_{12}^{(\mathrm{A})} & \cdots & m_{1k}^{(\mathrm{A})}\\ m_{21}^{(\mathrm{A})} & m_{22}^{(\mathrm{A})} & \cdots & m_{2k}^{(\mathrm{A})}\\ \vdots & \vdots & & \vdots\\ m_{t1}^{(\mathrm{A})} & m_{t2}^{(\mathrm{A})} & \cdots & m_{tk}^{(\mathrm{A})}\end{bmatrix}_{t\times k}\begin{bmatrix} \gamma_1^{(\mathrm{A})} & 0 & \cdots & 0\\ 0 & \gamma_2^{(\mathrm{A})} & \cdots & 0\\ \vdots & \vdots & & \vdots\\ 0 & 0 & \cdots & \gamma_k^{(\mathrm{A})}\end{bmatrix}_{k\times k}\\ &=\boldsymbol{M}_{t\times k}\boldsymbol{\Gamma}_{k\times k}\end{aligned} \tag{1.21}$$

这里，$\boldsymbol{R}_{t\times k}$ 表示在 t 个时间点和 k 个传感器上测得的响应值矩阵。最右端的对角矩阵的对角元是单位吸附量的响应值，可构成气味谱向量，类似于紫外-可见光谱中的纯物质光谱。

式（1.21）等号右面的吸附量矩阵 $\boldsymbol{M}_{t\times k}$ 实际上包含的是单一组分的浓度信息，按照传统的思路可以采用单一因子来描述，因而可以将其表达成单位长度吸附量浓度向量 $\boldsymbol{c}$ 和吸附率向量 $\boldsymbol{n}$ 的乘积。所以方程变为

$$\boldsymbol{R}_{t\times k}=\begin{bmatrix} c_1 \\ c_2 \\ \vdots \\ c_t \end{bmatrix}_{t\times 1}\begin{bmatrix} n_1 & n_2 & \cdots & n_k \end{bmatrix}_{1\times k}\begin{bmatrix} \gamma_1^{(A)} & 0 & \cdots & 0 \\ 0 & \gamma_2^{(A)} & \cdots & 0 \\ \vdots & \vdots & & \vdots \\ 0 & 0 & \cdots & \gamma_k^{(A)} \end{bmatrix}_{k\times k} \tag{1.22}$$

式中，n_i 是对应的 c_i 的缩放因子。

然而，实验结果表明，即使是单一气体组分，用单一因子来描述也不能解释实验结果。所以，式（1.22）的合理形式是

$$\boldsymbol{R}_{t\times k}=\boldsymbol{M}_{t\times k}\boldsymbol{\Gamma}_{k\times k}=\boldsymbol{C}_{t\times p}\boldsymbol{N}_{p\times k}\boldsymbol{\Gamma}_{k\times k} \tag{1.23}$$

式中，p 是因子数；$\boldsymbol{C}_{t\times p}$ 是吸附量形态矩阵；$\boldsymbol{N}_{p\times k}$ 是吸附量缩放因子矩阵；$\boldsymbol{\Gamma}_{k\times k}$ 是气味形态矩阵（类似于摩尔吸光系数等）。

式（1.23）可拓展至描述多种气味分子的体系。设系统中有两种气体分子 A 和 B，系统的总响应是它们单独响应的线性加和，所以 k 个传感器上的响应值为

$$\begin{aligned} r_1 &= \gamma_1^{(A)}m_1^{(A)}+\gamma_1^{(B)}m_1^{(B)} \\ r_2 &= \gamma_2^{(A)}m_2^{(A)}+\gamma_2^{(B)}m_2^{(B)} \\ &\vdots \\ r_k &= \gamma_k^{(A)}m_k^{(A)}+\gamma_k^{(B)}m_k^{(B)} \end{aligned} \tag{1.24}$$

在某个时间点 i，k 个传感器上响应向量可以表达为

$$\begin{aligned} \boldsymbol{R}_{i\cdot} &= \begin{bmatrix} r_1 & \cdots & r_k \end{bmatrix} \\ &= \begin{bmatrix} (\gamma_1^{(A)}m_1^{(A)}+\gamma_1^{(B)}m_1^{(B)}) & \cdots & (\gamma_k^{(A)}m_k^{(A)}+\gamma_k^{(B)}m_k^{(B)}) \end{bmatrix} \\ &= \begin{bmatrix} (m_1^{(A)}\ \ m_1^{(B)}) & \cdots & (m_k^{(A)}\ \ m_k^{(B)}) \end{bmatrix}\begin{bmatrix} \gamma_1^{(A)} & \cdots & 0 \\ \gamma_1^{(B)} & \cdots & 0 \\ \vdots & & \vdots \\ 0 & \cdots & \gamma_k^{(A)} \\ 0 & \cdots & \gamma_k^{(B)} \end{bmatrix} \end{aligned} \tag{1.25}$$

所以响应矩阵为

$$\boldsymbol{R}_{t\times k}=\boldsymbol{M}_{t\times 2k}\boldsymbol{\Gamma}_{2k\times k}=\boldsymbol{C}_{t\times p}\boldsymbol{N}_{p\times 2k}\boldsymbol{\Gamma}_{2k\times k} \tag{1.26}$$

这里，我们将吸附质量矩阵表达为 p 个因子的矩阵 $\boldsymbol{C}_{t\times p}$ 和 $\boldsymbol{N}_{p\times 2k}$ 的乘积。如果体系中含有 q 种气味分子，则可得到传感器的信号模型：

$$\boldsymbol{R}_{t\times k} = \boldsymbol{C}_{t\times p}\boldsymbol{N}_{p\times(q\times k)}\boldsymbol{\varGamma}_{(q\times k)\times k} \tag{1.27}$$

式中，$\boldsymbol{\varGamma}_{(q\times k)\times k}$ 是带状对角矩阵，这是表面吸附传感器模型与普通信号模型的不同之处。

需要说明，当前的很多电子鼻或电子舌仪器集成了化学计量学的一些方法，但是在数据处理上却基于双线性模型来描述，这样的做法是不恰当的。

第 2 章　向量信号的滤噪和基线扣除

向量信号是现代化学测量过程中最常见的信号形式，其中存在的两个最普遍的问题是测量噪声和基线漂移。如果不对噪声和基线进行处理，则必然影响后续的化学信息的提取。当前可用的滤噪和基线扣除方法有多种，本章中不进行面面俱到的讨论，仅对其中的若干种简洁且有效的方法进行介绍。

2.1　累加平均法滤噪

设向量信号的某个测量通道中得到的信号强度可表示为

$$y = \mu + \eta + \varepsilon \tag{2.1}$$

式中，y 是信号强度；μ 是真实信号强度；η 是系统空白信号强度；ε 是随机噪声信号强度。

空白信号是一类比较特殊的信号，通常由溶液中的其他组分或试剂的响应信号构成。如果对系统的空白信号进行校正，则 $\eta = 0$。但是，有一类空白信号比较复杂，它除了体系组分自身的影响，还受仪器本身信号变动的影响，其特点是基线形态表现为线性或非线性变化，其影响无法用传统的空白试剂校正方法进行扣除。后续将讨论基线的扣除方法。这里首先讨论 $\eta = 0$ 的情形，此时随机噪声是主要问题。

随机噪声一般表现为随机正态分布，可用式（2.2）描述：

$$\begin{cases} E(\varepsilon) = 0 \\ \mathrm{Var}(\varepsilon) = \sigma^2 \end{cases} \tag{2.2}$$

式中，E 是数学期望；Var 是方差；σ^2 是总体分布的方差。在实际的测量过程中，通常会对信号进行多次测量，设第 k 次测量的信号强度为

$$y(k) = \mu + \varepsilon(k) \tag{2.3}$$

将 m 次测量的信号强度做线性加和并且求平均，得

$$\frac{1}{m}\sum_{k=1}^{m} y(k) = \frac{1}{m}\sum_{k=1}^{m} \mu + \frac{1}{m}\sum_{k=1}^{m} \varepsilon(k) = \mu + \frac{1}{\sqrt{m}}\sigma \tag{2.4}$$

所以，信号强度算术平均值的信噪比如式（2.5）所示。

$$\frac{\mu}{\sigma/\sqrt{m}} = \sqrt{m}\left(\frac{\mu}{\sigma}\right) \tag{2.5}$$

这个结果告诉我们，多次测量的信号强度求平均后，信噪比增大到原来的 $\sqrt{m}$ 倍。所以，只需对样品进行多次重复测量，然后求信号的均值，其效果也会好于单次测量。

图 2.1 为采用累加平均法对含噪信号进行滤噪的结果示意图。图 2.1(a) 是原始信号，图 2.1(b) 是添加了随机噪声的信号。对该体系进行 5 次重复测量，然后求 5 次测量信号的平均值，得到图 2.1(c) 所示的结果，可以看到，相对图 2.1(b) 而言噪声有所滤除。图 2.1(d) 是通过 20 次重复测量后，对信号进行累加求平均值的结果，可以看到，更多的重复测量有助于更好地滤除噪声。

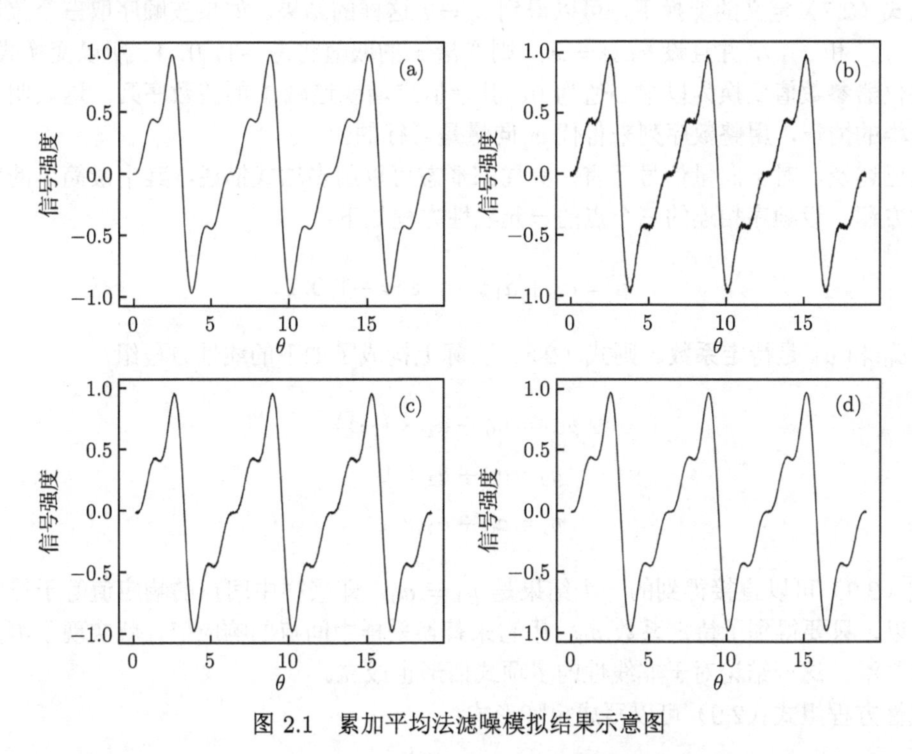

图 2.1　累加平均法滤噪模拟结果示意图

由于累加平均法滤噪具有快速简单的特点，适当增加重复测量次数也不会增加太多的计算负担，因而在实际的应用中偏向于尽可能多地进行重复测量，以获得满意的结果。

2.2　Savitzky-Golay 滤噪

Savitzky 和 Golay 于 1964 年提出了一种对光谱的局部数据施行多项式拟合以实现滤噪的方法。他们认为，光谱向量的整体形态可能很复杂，但是分解到局部则相对简单。每个小的局部都可以通过多项式函数的方式进行描述，由此实现对光谱向量的局部做出平滑处理，并通过局部的平滑处理实现整体的平滑处理。他们巧妙地设计了由奇数个测量点构成的“移动窗口”，利用这个窗口内的数据点建立线性方程或曲线方程，并采用最小二乘法得到该窗口中心点拟合数值的简单计算公式。这样一来，只需要对测量数据进行续贯奇数点采样，然后计算中心点的拟合值，就可以实现光谱向量整体的平滑。

设向量信号的一般表达式为

$$\boldsymbol{y} = f(\boldsymbol{x}) \tag{2.6}$$

式中，$\boldsymbol{y}$ 是响应值向量；$\boldsymbol{x}$ 是仪器参数值向量。对于现代分析仪器而言，向量 $\boldsymbol{x}$ 的取值是由仪器控制下的等间隔采样。设采样间隔为 h，定义：

$$z_i = \frac{x_i - x_0}{h} \qquad i = 1, 2, \cdots, m \tag{2.7}$$

式中，x_0 是起始参数值；z_i 是变换后的参数值。

在式（2.7）定义的变换下，可以得到 $z_i = i$ 这样的结果。如果按顺序取三个仪器参数值 x_i，x_{i+1} 和 x_{i+2}，并且设 $x_{i+1} = x_0$，则变量 z 的取值将是 -1，0，1。所以变换式（2.7）可以将仪器参数值变换为以中心值为 0，其余值递增或递减 1 的整数序列。这表明对于等间隔采样的情形，用整数序列来替代 $\boldsymbol{x}$ 向量是可行的。

前已述及，对于向量信号而言，其局部形态可以用多项式描述，其中最简单的就是一元线性方程。设顺序相连的三个点的一元线性方程如下：

$$y = a_0 + a_1 z \qquad z = -1, 0, 1 \tag{2.8}$$

式中，a_0 和 a_1 是待定系数。则式（2.8）实际上构成了如下的线性方程组：

$$\begin{aligned} y_{-1} &= a_0 + a_1 \times (-1) \\ y_0 &= a_0 + a_1 \times 0 \\ y_1 &= a_0 + a_1 \times 1 \end{aligned} \tag{2.9}$$

式（2.9）可以直接得到的一个结果是 $y_0 = a_0$，即采样中间点的响应值等于待定系数 a_0。所以，只要得到了待定系数 a_0，用它来替换采样中间点的响应值，就实现了测量信号的线性平滑。这一结论对于非线性的多项式情形也成立。

线性方程组式（2.9）可以写成矩阵形式：

$$\begin{bmatrix} y_{-1} \\ y_0 \\ y_1 \end{bmatrix} = \begin{bmatrix} 1 & -1 \\ 1 & 0 \\ 1 & 1 \end{bmatrix} \begin{bmatrix} a_0 \\ a_1 \end{bmatrix} \tag{2.10}$$

在式（2.10）的等号两边同时左乘整系数矩阵的转置，得到：

$$\begin{bmatrix} 1 & 1 & 1 \\ -1 & 0 & 1 \end{bmatrix} \begin{bmatrix} y_{-1} \\ y_0 \\ y_1 \end{bmatrix} = \begin{bmatrix} 1 & 1 & 1 \\ -1 & 0 & 1 \end{bmatrix} \begin{bmatrix} 1 & -1 \\ 1 & 0 \\ 1 & 1 \end{bmatrix} \begin{bmatrix} a_0 \\ a_1 \end{bmatrix} \tag{2.11}$$

整理得

$$\begin{bmatrix} 1 & 1 & 1 \\ -1 & 0 & 1 \end{bmatrix} \begin{bmatrix} y_{-1} \\ y_0 \\ y_1 \end{bmatrix} = \begin{bmatrix} 3 & 0 \\ 0 & 2 \end{bmatrix} \begin{bmatrix} a_0 \\ a_1 \end{bmatrix} \tag{2.12}$$

如果将式（2.12）进一步展开，则等式左边的第一行应等于右边的第一行，即

$$y_{-1} + y_0 + y_1 = 3 \times a_0 \tag{2.13}$$

整理得

$$a_0 = \frac{1}{3}(y_{-1} + y_0 + y_{+1}) \tag{2.14}$$

所以，三点一次线性平滑的中心点的平滑值为

$$\hat{y}_0 = a_0 = \frac{1}{3}(y_{-1} + y_0 + y_{+1}) \tag{2.15}$$

式（2.15）表明，采用三点一次方程描述局部数据，可以使滤噪过程变成简单的算术运算过程。类似地，如果采用五点二次方程对信号进行拟合，则拟合方程为

$$y = a_0 + a_1 z + a_2 z^2 \tag{2.16}$$

式中，$z = -2, -1, 0, +1, +2$。通过计算可得

$$\hat{y}_0 = a_0 = \frac{1}{35}(-3y_{-2} + 12y_{-1} + 17y_0 + 12y_{+1} - 3y_{+2}) \tag{2.17}$$

对于更为复杂的情况，Savitzky 和 Golay 认为可以采用如下的一般形式：

$$\hat{y}_0 = \frac{1}{w}\sum_{i=-m}^{m} \omega_i y_i \tag{2.18}$$

式中，ω_i 是权重系数；w 是归一化常数。

$$w = \sum_{i=-m}^{m} \omega_i \tag{2.19}$$

Savitzky 和 Golay 计算了一系列不同的权重系数，并以参数表格的形式给出，很多手册中均提供了这类表格，在此不再赘述。图 2.2 为用 Octave 信号处理包中的 sgolayfilt 程

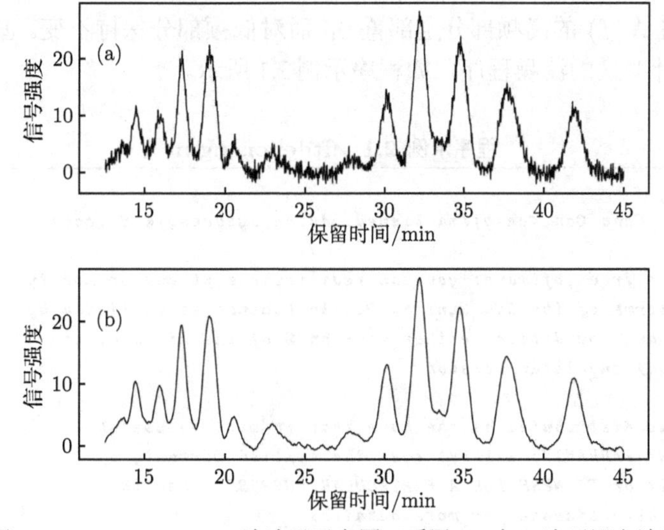

图 2.2　Savitzky-Golay 法滤噪示意图（采用 25 点 3 次平滑方法）
(a) 含噪声信号；(b) 滤噪后的信号

序对一组数据进行滤噪的结果。在计算过程中采用了 25 个点，其滤噪效果可接受。再增加点数会使得信号更为平滑，但是也会导致信号形态失真程度增大，故在实际运用时应根据具体情况选择合适的平滑点数。

2.3 快速傅里叶变换滤噪

采用傅里叶变换对测量信号进行滤噪，主要依据主信号具有较低频率而随机噪声信号具有较高频率的特征，因而可以在剔除高频信号后，保留低频信号，由此实现滤噪。

设时间函数为 $x(t)$，其傅里叶变换可表达为

$$X(f) = \int_{-\infty}^{+\infty} x(t)\mathrm{e}^{-jn2\pi ft}\mathrm{d}t \tag{2.20}$$

式中，f 是频率；$X(f)$ 是频率域的信号，也称为信号 $x(t)$ 的谱。在化学测量中，很多向量信号实际上也是时间的信号，因而很适合采用傅里叶变换进行信号分析和滤噪处理。

式（2.20）所示的变换通常也称为傅里叶正变换，相应地也可以对频谱信号进行如下的逆变换：

$$x(t) = \int_{-\infty}^{+\infty} X(f)\mathrm{e}^{jn2\pi ft}\mathrm{d}f \tag{2.21}$$

经过傅里叶逆变换，频谱信号再度变换为时域信号，什么也没有发生改变。但是，如果对频谱 $X(f)$ 做如下的变换：

$$X(f)_{\mathrm{new}} = X(f) \times g(f) \tag{2.22}$$

式中，$g(f)$ 称为截断函数。则对 $X(f)_{\mathrm{new}}$ 进行逆变换得到的时域信号 $x(t)_{\mathrm{new}}$ 将会与原信号 $x(t)$ 不同，其具体形态将取决于 $g(f)$ 的形式。对于滤噪而言，可以设置 $g(f)$ 为由 0 和 1 构成的向量，将 $X(f)$ 的高频部分全部置 0，而对低频部分保持不变。基于这种思路，可以写出基于傅里叶变换的滤噪程序，如程序示例 2.1 所示。

程序示例 2.1 fftdenoising.m

```
1
2   ## Copyright (C)  Feng Gan <cesgf@mail.sysu.edu.cn;sysucesgf@163.com>
3   ##
4   ## This program is free software; you can redistribute it and/or modify
5   ## it under the terms of the GNU General Public License as published by
6   ## the Free Software Foundation; either version 2 of the License, or
7   ## (at your option) any later version.
8   ##
9   ## This program is distributed in the hope that it will be useful,
10  ## but WITHOUT ANY WARRANTY; without even the implied warranty of
11  ## MERCHANTABILITY or FITNESS FOR A PARTICULAR PURPOSE.  See the
12  ## GNU General Public License for more details.
13  ##
14  ## You should have received a copy of the GNU General Public License
```

```
15 ## along with this program; If not, see <http://www.gnu.org/licenses/>.
16
17 ## -*- texinfo -*-
18 ## @deftypefn {Function File} {[@var{denoisedSignal}]} = fftdenoising ([@var{noisedSignal
   }, @var{nSelectedFrequency}])
19 ## denosing using FFT
20 ##
21 ## Input varibles
22 ##
23 ## @itemize
24 ## @item
25 ## @code{noisedSignal}       --- signal with noise
26 ## @item
27 ## @code{nSelectedFrequency} --- number of selected frequency
28 ## @end itemize
29 ##
30 ## Return values
31 ##
32 ## @itemize
33 ## @item
34 ## @code{denoisedSignal}     --- denoised signal
35 ## @end itemize
36 ##
37 ## @seealso{fft,ifft}
38 ## @end deftypefn
39
40 ## Author:  Feng GAN
41 ## create date:     2003-07-27
42 ## latest revision: 2016-11-04
43
44 function [denoisedSignal] = fftdenoising(noisedSignal,nSelectedFrequency)
45
46   if (nargin < 2)
47     error('Please see demo.');
48   endif
49
50   frequency = fft(noisedSignal);
51   mRows = length(frequency);
52   selectedFrequencyRange = ones( mRows, 1 );
53   selectedFrequencyRange( nSelectedFrequency : (mRows - nSelectedFrequency - 1) ) = 0;
54   retainedFrequency = frequency .* selectedFrequencyRange;
55   denoisedSignal = ifft(retainedFrequency);
56   denoisedSignal = real(denoisedSignal);
57
58 endfunction
59
60 %!demo
61 %! load ./Data/noisedata1.txt
62 %! x = noisedata1(:,2);
63 %! sf = 12;
64 %! [x_new] = fftdenoising(x,sf);
65 %! plot(x_new)
```

程序的第 50 行调用傅里叶变换函数 fft，得到频谱域变量 frequency。由于 frequency 包含了信号成分的频率值，两端是低频信号，中间是高频信号，因而在第 53、54 行的截断操作中保留两端的低频信号，但对高频信号进行置 0。第 55 行对截断后的信号采用傅里叶逆变换函数 ifft 执行傅里叶逆变换，得到的 denoisedSignal 是一个复向量。第 56 行对复向量信号进行取实部操作，最终得到滤噪后的信号。

图 2.3(a) 为一个含噪声的色谱数据，经傅里叶变换滤噪后的结果如图 2.3(b) 所示，结果令人满意。这里要说明的是，本例进行截断操作时保留了左右两端各 80 个频率点。要获得最优的结果，需要进行反复的尝试。也可以设定一个拟合优度变量，采用迭代的方式实现最优滤噪，在此不展开讨论。

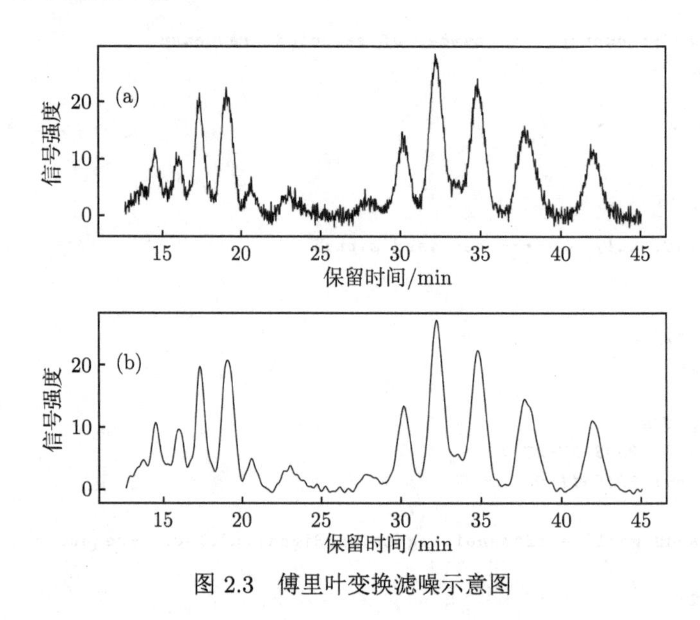

图 2.3 傅里叶变换滤噪示意图

2.4 Whittaker 平滑器滤噪

Whittaker 在 1923 年提出了数据平滑的思想。Eilers 在 2003 年将该思想引入分析化学领域。相对于其他的数据平滑方法，它具有如下的优势：① 只需要编写很少的代码；② 可自适应边界条件；③ 可处理遗失数据；④ 所需要的控制参数少；⑤ 交互检验容易实现；⑥ 即便处理大型数据，速度也很快。

设一含有噪声的信号向量 $\boldsymbol{x}$，滤噪之后得到的信号向量为 $\boldsymbol{z}$，要想得到好的滤噪结果，必须满足两个条件：① $\boldsymbol{z}$ 必须能够忠实地反映 $\boldsymbol{x}$ 的主要细节信息；② $\boldsymbol{z}$ 应该尽可能地光滑。由此可以构造如下的拟合目标函数：

$$q = |\boldsymbol{x} - \boldsymbol{z}|^2 + \lambda|\boldsymbol{D}\boldsymbol{z}|^2 \tag{2.23}$$

式中，λ 是一个控制向量 $\boldsymbol{z}$ 光滑程度的参数，其值越大，则 $\boldsymbol{z}$ 越光滑；$\boldsymbol{D}$ 是一个差分运算矩阵，且 $\boldsymbol{D}\boldsymbol{z} = \Delta\boldsymbol{z}$。如果 $\boldsymbol{z}$ 的容量为 5，则 $\boldsymbol{D}$ 有如下的形式：

$$
\boldsymbol{D}=\begin{bmatrix} -1 & 1 & 0 & 0 & 0 \\ 0 & -1 & 1 & 0 & 0 \\ 0 & 0 & -1 & 1 & 0 \\ 0 & 0 & 0 & -1 & 1 \end{bmatrix} \tag{2.24}
$$

式（2.23）等式的右边第一项反映了测量信号与拟合信号的差异情况；第二项反映了拟合的向量 $\boldsymbol{z}$ 自身的光滑程度。如果要使得 $\boldsymbol{z}$ 对 $\boldsymbol{x}$ 最好，则第一项必须很小。但是，如果第一项很小，则意味着 $\boldsymbol{z}$ 本身也包含很多的噪声信息，即很“粗糙”，这必将导致第二项变大。所以，必须设法调和二者。

将式（2.23）对 $\boldsymbol{z}$ 求导，得到：

$$
\frac{\partial q}{\partial \boldsymbol{z}}=-2(\boldsymbol{x}-\boldsymbol{z})+2\lambda \boldsymbol{D}^{\mathrm{T}}\boldsymbol{D}\boldsymbol{z} \tag{2.25}
$$

令式（2.25）为零，得到：

$$
(\boldsymbol{I}+\lambda \boldsymbol{D}^{\mathrm{T}}\boldsymbol{D})\boldsymbol{z}=\boldsymbol{x} \tag{2.26}
$$

式中，$\boldsymbol{I}$ 是单位矩阵。如果对向量信号的每个点做加权，则方程（2.26）可写为

$$
(\boldsymbol{W}+\lambda \boldsymbol{D}^{\mathrm{T}}\boldsymbol{D})\boldsymbol{z}=\boldsymbol{W}\boldsymbol{x} \tag{2.27}
$$

式中，$\boldsymbol{W}$ 是一个对角矩阵，其对角元为对 $\boldsymbol{x}$ 的权重值。对数据点加权除了可以强调不同的点的重要性之外，还可以对一些缺失数据进行拟合。在下一节将会看到，通过数据点权重的调整还可以实现基线扣除。

根据式（2.27）可以很容易写出求向量 $\boldsymbol{z}$ 的代码，如程序示例 2.2 所示。

程序示例 2.2　whittakersmoother.m

```
1
2  ## Copyright (C) Feng Gan <cesgf@mail.sysu.edu.cn;sysucesgf@163.com>
3  ##
4  ## This program is free software; you can redistribute it and/or modify
5  ## it under the terms of the GNU General Public License as published by
6  ## the Free Software Foundation; either version 2 of the License, or
7  ## (at your option) any later version.
8  ##
9  ## This program is distributed in the hope that it will be useful,
10 ## but WITHOUT ANY WARRANTY; without even the implied warranty of
11 ## MERCHANTABILITY or FITNESS FOR A PARTICULAR PURPOSE.  See the
12 ## GNU General Public License for more details.
13 ##
14 ## You should have received a copy of the GNU General Public License
15 ## along with this program; If not, see <http://www.gnu.org/licenses/>.
16
17 ## -*- texinfo -*-
18 ## @deftypefn {Function File} {[@var{z}]} = whittakersmoother ([@var{x},@var{w},@var{
      lambda},@var{order}])
```

```
19  ## A perfect smooter based on Whittaker's theory.
20  ##
21  ## Reference:
22  ## Eilers, P. H. C. A perfect smoother. Anal. Chem. 2003. 75. 3631-3636.
23  ##
24  ## Input arguments:
25  ##
26  ## @itemize
27  ## @item
28  ## @code{unsmoothSignal}  --- unsmooth singnal vector.
29  ## @item
30  ## @code{singnalWeight}   --- signal weight vector.
31  ## @item
32  ## @code{lambda}          --- smoothing parameter, the bigger the smoother.
33  ## @item
34  ## @code{order}           --- order of difference.
35  ## @end itemize
36  ##
37  ## Return values
38  ##
39  ## @itemize
40  ## @item
41  ## @code{smoothedSignal}  --- smoothed signal vector.
42  ## @end itemize
43  ##
44  ## @seealso{functions}
45  ## @end deftypefn
46
47  ## Author:  Feng GAN
48  ## create date:     2017-09-01
49  ## latest revision: 2017-09-01
50
51  function [smoothedSignal] = whittakersmoother(unsmoothSignal,signalWeight,lambda,order)
52
53    if nargin < 4
54      error('Please see demo part.');
55    endif
56
57    mRows = length(unsmoothSignal);
58    E = speye(mRows);
59    D = diff(E, order);
60    W = spdiags(signalWeight,0,mRows,mRows);
61    C = chol(W + lambda * D' * D);
62    smoothedSignal = C \ (C' \ (signalWeight .* unsmoothSignal));
63
64  endfunction
65
66  %!demo
67  %! load ./Data/noisedata.txt;
68  %! x = noisedata(:,2);
69  %! w = ones(size(x));
70  %! lambda = 1e6;
71  %! order = 2;
```

```
72 %! [z] = whittakersmoother(x,w,lambda,order);
73 %! figure(1),clf('reset'),plot(z)
```

由于差分矩阵 $\boldsymbol{D}$ 是一个稀疏矩阵，因而采用了稀疏矩阵的相关运算函数，如 speye，spdiags 和 chol。图2.4为将程序示例2.2用于前述数据得到的滤噪结果。这里选用的参数是：lambda = 1000，order = 2。要得到最优结果，应采用交互检验的方式对参数进行优化，限于篇幅，在此不再赘述。

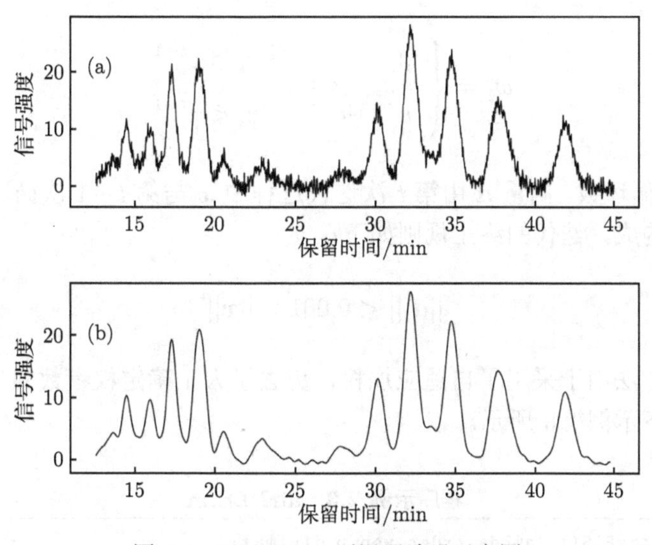

图 2.4 Whittaker 平滑器滤噪示意图

2.5 Whittaker 平滑器扣除基线

基线是化学测量过程中由仪器的状态及样品背景等因素所产生的背景信号，它会随着时间的改变而改变，也会随着样品溶液体系的改变而改变。例如，在色谱分析过程中，程序升温过程引起基线部分逐步抬高，且形态不规则。传统的做法是选择峰底部位置采用直线分割的方式扣除背景。这样的做法过于主观，不能真实反映背景的形态。

许多科研人员研究了基线的扣除方法。从实用角度看，基于 Whittaker 平滑器的基线扣除方法较为有效。Eilers 和 Boelens 在 2005 年撰写过一篇题为“*Baseline Correction with Asymmetric Least Squares*”的手稿，但因各种原因未能发表。他们基于 Whittaker 平滑器得到缓慢变化的平滑结果，通过迭代来逼近基线，从而实现对基线的扣除。在每一次的迭代过程中，对每个点调整其权重，由此调整了拟合结果。他们的程序代码如下：

```
1 function z = baseline(y, lambda, p)
2  % Estimate baseline with asymmetric least squares
3  m = length(y);
4  D = diff(speye(m), 2);
5  w = ones(m, 1);
6  for it = 1:10
7     W = spdiags(w, 0, m, m);
```

```
8       C = chol(W + lambda * D'  * D);
9       z = C \ (C'  \ (w .* y));
10      w = p * (y > z) + (1 - p) * (y < z);
11  end
```

第 10 行是对权重进行调整的方式，它针对 $y > z$ 和 $y < z$ 两种情况进行了不同的调整。程序中涉及了两个参数 λ 和 p，这增加了实际使用中的难度。

张志敏等提出了另一种权重调整方式，如下：

$$w_i^t = \begin{cases} 0, & x_i \geqslant z_i^{t-1} \\ e^{\frac{t(x_i - z_i^{t-1})}{|\boldsymbol{d}_t|}}, & x_i < z_i^{t-1} \end{cases} \tag{2.28}$$

式中，t 表示迭代循环数。向量 $\boldsymbol{d}$ 由第 t 次迭代过程中 $\boldsymbol{x}$ 与第 $t-1$ 次循环拟合的背景 $\boldsymbol{z}_{t-1}$ 之差的负值部分构成。迭代的终止规则如下：

$$||\boldsymbol{d}_t|| < 0.001 \times ||\boldsymbol{x}|| \tag{2.29}$$

张志敏等的方法由于采用了自适应加权，免去了人工确定权参数的步骤。他们编写的基线扣除程序如下示例 2.3 所示。

程序示例 2.3　airPLS.m

```
1   function [Xc,Z]= airPLS(X,lambda,order,wep,p,itermax)
2   % Baseline correction using adaptive iteratively reweighted Penalized Least Squares;

3   % Input
4   %       X:row matrix of spectra or chromatogram (size m*n, m is sample and n is
      variable)
5   %       lambda: lambda is an adjustable parameter, it can be adjusted by user. The
      larger lambda is, the smoother z will be
6   %       order: an integer indicating the order of the difference of penalties
7   %       wep: weight exception proportion at both the start and end
8   %       p: asymmetry parameter for the start and end
9   %       itermax: maximum iteration times
10  % Output
11  %       Xc: the corrected spectra or chromatogram vector (size m*n)
12  %       Z: the fitted vector (size m*n)
13  % Examples:
14  %       Xc=airPLS(X);
15  %       [Xc,Z]=airPLS(X,10e9,2,0.1,0.5,20);
16  % Reference:
17  %       (1) Eilers, P. H. C., A perfect smoother. Analytical Chemistry 75 (14), 3631
      (2003).
18  %       (2) Eilers, P. H. C., Baseline Correction with Asymmetric Least
19  %       Squares Smoothing, http://www.science.uva.nl/~hboelens/publications/draftpub/
      Eilers_2005.pdf
20  %       (3) Gan, Feng, Ruan, Guihua, and Mo, Jinyuan, Baseline correction by improved
      iterative polynomial fitting with automatic threshold. Chemometrics and Intelligent
      Laboratory Systems 82 (1-2), 59 (2006).
```

```
21 %
22 %  zhimin zhang @ central south university on Mar 30,2011
23
24   if nargin < 6
25     itermax=20;
26     if nargin < 5
27       p=0.05;
28       if nargin < 4
29         wep=0.1;
30         if nargin < 3
31           order=2;
32           if nargin < 2
33             lambda=10e7;
34             if nargin < 1
35               error('airPLS:NotEnoughInputs','Not enough input arguments. See airPLS.');
36             end
37           end
38         end
39       end
40     end
41   end
42
43   [m,n]=size(X);
44   wi = [1:ceil(n*wep) floor(n-n*wep):n];
45   D = diff(speye(n), order);
46   DD = lambda*D'*D;
47
48   for i=1:m
49     w=ones(n,1);
50     x=X(i,:);
51     for j=1:itermax
52       W=spdiags(w, 0, n, n);
53       C = chol(W + DD);
54       z = (C\(C'\(w .* x')))';
55       d = x-z;
56       dssn= abs(sum(d(d<0)));
57       if(dssn<0.001*sum(abs(x)))
58         break;
59       end
60       w(d>=0) = 0;
61       w(wi)   = p;
62       w(d<0)  = j*exp(abs(d(d<0))/dssn);
63     end
64     Z(i,:)=z;
65
66   end
67   Xc=X-Z;
68
69 endfunction
```

将该程序用于前述的数据，得到如图 2.5 所示的结果。这里要说明的是，在扣除基线之前，先采用 Whittaker 平滑器做滤噪处理。

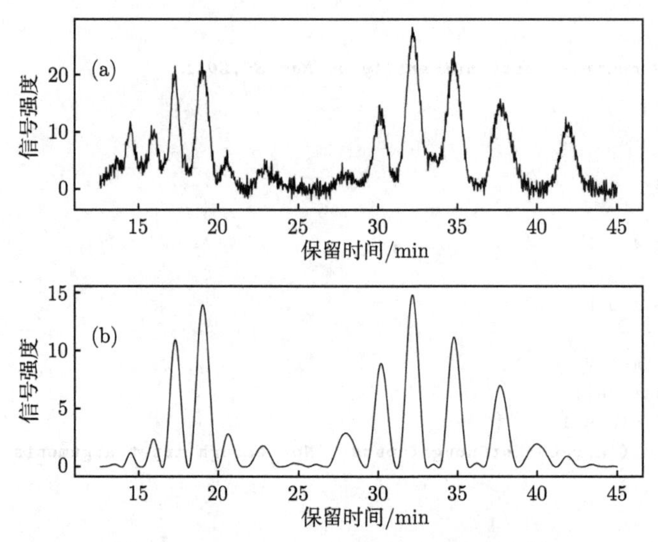

图 2.5　Whittaker 平滑器扣除基线示意图

第 3 章 化学因子分析

3.1 主成分分析

在 1.3 节中建立了化学测量体系的双线性模型，如下：

$$\boldsymbol{Y} = \boldsymbol{C}\boldsymbol{S}^{\mathrm{T}} = \boldsymbol{c}_1\boldsymbol{s}_1^{\mathrm{T}} + \cdots + \boldsymbol{c}_n\boldsymbol{s}_n^{\mathrm{T}} \tag{3.1}$$

这里，$\boldsymbol{c}_i$ 和 $\boldsymbol{s}_i$ 分别表示实际的化学成分的浓度信息和光谱信息。

在实际的化学测量过程中，我们往往只能得到一个体系的总的测量结果，即测量矩阵 $\boldsymbol{Y}$，如何从测量矩阵 $\boldsymbol{Y}$ 中得到 $\boldsymbol{c}_i$ 和 $\boldsymbol{s}_i$ 对化学工作者而言是一个巨大的挑战。在后面的章节中，我们将介绍如何基于化学知识从测量矩阵 $\boldsymbol{Y}$ 得到 $\boldsymbol{c}_i$ 和 $\boldsymbol{s}_i$ 的几种方法。本节中，我们介绍如何借助主成分分析法得到与 $\boldsymbol{c}_i$ 和 $\boldsymbol{s}_i$ 相关的信息。

主成分分析（principal component analysis，PCA）法是 Pearson 于 1901 年建立起来的一种多元统计分析方法。Pearson 在研究空间中一组数据点的相关关系时发现，总可以用空间中的相互垂直的线（或平面）去拟合该组数据点。Pearson 的方法发表之后，人们发现这种采用正交向量来描述空间数据点的方法非常适合多变量分析，因而逐步发展和完善了该方法，最终发展成为最重要的多元统计方法之一。

PCA 提出了潜变量（latent variables）的概念，它表示相互垂直的、包含最多信息的基向量，也称为主成分（principal component）。通过确定一个体系中显著重要的主成分，就可以在最大限度保留原体系中主要信息的基础上，有效地消除次要信息（如测量噪声）。

式（3.1）可以重写如下：

$$\begin{aligned}\boldsymbol{Y} &= \boldsymbol{C}\boldsymbol{S}^{\mathrm{T}} = \boldsymbol{c}_1\boldsymbol{s}_1^{\mathrm{T}} + \cdots + \boldsymbol{c}_n\boldsymbol{s}_n^{\mathrm{T}} \\ &= \boldsymbol{t}_1\boldsymbol{p}_1^{\mathrm{T}} + \cdots + \boldsymbol{t}_n\boldsymbol{p}_n^{\mathrm{T}} = \boldsymbol{T}\boldsymbol{P}^{\mathrm{T}}\end{aligned} \tag{3.2}$$

式中，$\boldsymbol{t}_i$ 称为得分（score）向量；$\boldsymbol{p}_i$ 称为载荷（loading）向量。相应地，$\boldsymbol{T}$ 称为得分矩阵，$\boldsymbol{P}$ 称为载荷矩阵。得分向量与载荷向量自身具有正交性：

$$\boldsymbol{t}_i^{\mathrm{T}}\boldsymbol{t}_j = 0, \quad \boldsymbol{p}_i^{\mathrm{T}}\boldsymbol{p}_j = 0, \quad i \neq j \tag{3.3}$$

从式（3.2）可以看到，得分向量与载荷向量与浓度和光谱相对应，因而在某些具体的场景下有时也称 $\boldsymbol{t}$ 为抽象浓度向量，$\boldsymbol{p}$ 为抽象光谱向量。在无法直接得到 $\boldsymbol{c}_i$ 和 $\boldsymbol{s}_i$ 的情况下，间接通过测量矩阵的得分和载荷信息来了解体系的状态是一种有效的方法。

式（3.2）中包含的成分 $\boldsymbol{t}_i$（和 $\boldsymbol{p}_i$）称为第 i 主成分，因而该数学模型也称为主成分模型。在构建主成分模型时，主成分是按照最大方差依次递减的，即 $\boldsymbol{t}_1$ 包含体系的最大方差信息，后续主成分依次递减。

3.1.1 数据预处理

数据预处理是在进行主成分分析前对变量进行均值中心化及缩放（scaling）。变量的均值中心化处理的方式是

$$\boldsymbol{Y}_{\mathrm{mc}} = \boldsymbol{Y} - \overline{\boldsymbol{Y}} = \begin{bmatrix} (y_{11}-\bar{y}_1) & (y_{12}-\bar{y}_2) & \cdots & (y_{1n}-\bar{y}_n) \\ (y_{21}-\bar{y}_1) & (y_{22}-\bar{y}_2) & \cdots & (y_{2n}-\bar{y}_n) \\ \vdots & \vdots & & \vdots \\ (y_{m1}-\bar{y}_1) & (y_{m2}-\bar{y}_2) & \cdots & (y_{mn}-\bar{y}_n) \end{bmatrix} \tag{3.4}$$

式中，$\boldsymbol{Y}_{\mathrm{mc}}$ 是 $\boldsymbol{Y}$ 经过均值中心化处理后得到的矩阵；$\overline{\boldsymbol{Y}}$ 代表列均值矩阵。数据经过均值中心化处理后，可以消除测量过程中的固定因素（如基线等）的影响。

变量的缩放通常指均值中心化处理的变量除以对应变量的标准偏差：

$$\boldsymbol{Z}_{\cdot j} = \frac{\boldsymbol{Y}_{\cdot j} - \overline{\boldsymbol{Y}}_{\cdot j}}{s_{\boldsymbol{Y}_{\cdot j}}} \tag{3.5}$$

式中，下标 $\cdot j$ 表示第 j 列；$s_{\boldsymbol{Y}_{\cdot j}}$ 表示 $\boldsymbol{Y}_{\cdot j}$ 的标准偏差。经过均值中心化处理和标准差缩放后，每个变量都可以满足 $N(0,1)$ 分布，由此可以消除不同变量由于不同量纲导致的数值上存在的差异，因为这种差异有时候会掩盖某些变量的真实性。

对于实际体系究竟采用哪种数据预处理方法尚无定论，有人认为对于化学测量数据而言，不做预处理可以保持数据的原有信号结构，更能反映真实的状况。然而，对于定量分析而言，对变量做均值中心化处理通常能更好地消除背景影响。

3.1.2 主成分的构造

Pearson 最初的思想是用空间中的直线或者平面（超平面）对空间的数据点进行拟合。图 3.1 为二维空间的情形，从数据点的分布情况看，用一条直线去拟合能够较好地表达这组数据。因此，对于这组数据的描述，就可以从二维空间变换到一维空间。Pearson 的这一思想已经拓展诠释为用最少的变量来描述原变量空间所包含的信息。当然，如果简单地从原来的变量空间中直接剔除某些变量，则有可能漏掉这些变量所蕴含的有用信息。解决的办法之一是对原有的变量进行线性组合，构成新的变量，利用新变量来替代原变量描述原数据集。

不失一般性，假定变量空间的维数为 n，样本容量为 m，样本点采用式（3.4）所示的方式进行了均值中心化处理。为了便于表达，我们仍用 $\boldsymbol{Y}$ 来表示经过均值中心化处理的数据，这样可以不用写过多的下标。

对于这组样本，可以选择一组权重系数 $p_{11},\cdots,p_{n1}$ 对其进行加权变换处理，得到如下的结果：

$$\begin{aligned} t_1 &= y_{11}p_{11} + \cdots + y_{1n}p_{n1} \\ t_2 &= y_{21}p_{11} + \cdots + y_{2n}p_{n1} \\ &\vdots \\ t_m &= y_{m1}p_{11} + \ldots + y_{mn}p_{n1} \end{aligned} \tag{3.6}$$

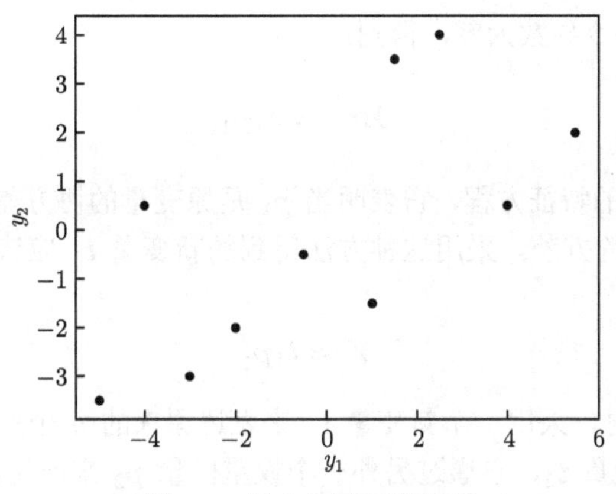

图 3.1　样本点平面投影图

方程组（3.6）可以写成矩阵形式：

$$\boldsymbol{t}_1 = \boldsymbol{Y}\boldsymbol{p}_1 \tag{3.7}$$

做这个变换的目的是希望用一个新的变量 $\boldsymbol{t}_1$ 来描述原数据集的 n 个变量。然而，这样的处理引出两个问题：① 我们应该如何构建权重系数向量 $\boldsymbol{p}_1$，从而使得新变量能够以最好的方式来表达原来的变量。② 我们应该构造多少个新变量 $\boldsymbol{t}$，从而能够最大限度地替代原来的变量。对于第二个问题，我们放到后面一节讨论，这里仅讨论第一个问题。

我们再来思考这样一个问题：用新的变量 $\boldsymbol{t}_1$ 来代替原来的变量究竟意味着什么？从直观上看，我们希望 $\boldsymbol{t}_1$ 能够表征变量 $\boldsymbol{Y}_{\cdot j}(j=1,2,\cdots,n)$ 的变化趋势和分散程度，这也就要求 $\boldsymbol{p}_1$ 的构造能够满足这一要求。从统计学上知道，用方差可以很好地描述数据的分散程度，因而我们可以通过变量 $\boldsymbol{t}_1$ 的方差最大化来作为构造 $\boldsymbol{p}_1$ 的基准。从式（3.7）可以看到，权重系数构成的向量实际上是一个方向向量，故通常将其归一化，即约束权重系数 $\boldsymbol{p}_1^{\mathrm{T}}\boldsymbol{p}_1 = 1$。所以，我们要实现的目标是

$$\mathrm{Var}(\boldsymbol{t}_1) \to \max, \quad \boldsymbol{p}_1^{\mathrm{T}}\boldsymbol{p}_1 = 1 \tag{3.8}$$

将式（3.8）做进一步的处理，得到：

$$\begin{aligned}\mathrm{Var}(\boldsymbol{t}_1) &= \mathrm{Var}\left(\boldsymbol{Y}\boldsymbol{p}_1\right)\\ &= \boldsymbol{p}_1^{\mathrm{T}}\mathrm{Cov}\left(\boldsymbol{Y}^{\mathrm{T}}\boldsymbol{Y}\right)\boldsymbol{p}_1\\ &= \boldsymbol{p}_1^{\mathrm{T}}\boldsymbol{\Sigma}\boldsymbol{p}_1\end{aligned} \tag{3.9}$$

式中，$\boldsymbol{\Sigma}$ 是协方差矩阵。

可以采用拉格朗日乘子法求式（3.8）的最大值问题，即

$$\phi = \boldsymbol{p}_1^{\mathrm{T}}\boldsymbol{\Sigma}\boldsymbol{p}_1 - \lambda_1\left(\boldsymbol{p}_1^{\mathrm{T}}\boldsymbol{p}_1 - 1\right) \tag{3.10}$$

将 ϕ 对 $\boldsymbol{p}_1$ 求导并令导数为零，得到：

$$\boldsymbol{\Sigma}\boldsymbol{p}_1 = \lambda_1 \boldsymbol{p}_1 \tag{3.11}$$

式（3.11）是标准的特征方程，它表明当 $\boldsymbol{p}_1$ 是原变量的协方差矩阵的特征向量时，可使得新变量 $\boldsymbol{t}_1$ 有最大的方差。采用这种方法得到的新变量 $\boldsymbol{t}_1$ 应该是对原变量的一个较好的表达，即

$$\boldsymbol{Y} \approx \boldsymbol{t}_1 \boldsymbol{p}_1^{\mathrm{T}} \tag{3.12}$$

当然，在 $n \gg 1$ 时，采用一个新变量 $\boldsymbol{t}_1$ 来表述原来的 n 个变量的信息未必足够。假定我们增加另外一个变量 $\boldsymbol{t}_2$，它通过另外一个权重向量 $\boldsymbol{p}_2$ 来产生，并且 $\boldsymbol{p}_2$ 是与 $\boldsymbol{p}_1$ 正交的。那么，式（3.12）可以进一步写成：

$$\boldsymbol{Y} \approx \boldsymbol{t}_1 \boldsymbol{p}_1^{\mathrm{T}} + \boldsymbol{t}_2 \boldsymbol{p}_2^{\mathrm{T}} \tag{3.13}$$

这样的过程可以一直持续下去，最终得到一组合适的新变量 $\boldsymbol{t}_1$，$\boldsymbol{t}_2$，$\cdots$，实现了用较少的新变量来表达原始变量的目标。从式（3.11）来确定权重系数向量的做法也成为构建权重系数的一般方法，由此得到的权重系数向量 $\boldsymbol{p}$ 实质上对应着一个新的空间坐标系，而新变量 $\boldsymbol{t}$ 实际上是原变量值变换到新坐标系后的坐标值。

3.1.3 矩阵的主成分分解方法

从“3.1.2 主成分的构造”中可以看到，主成分的构造可以通过解特征方程的方法实现，可采用的方法有 QR 分解法、奇异值分解方法、非线性迭代偏最小二乘法（nonlinear iterative partial leastsquare，NIPALS）等。本节仅介绍 NIPALS 算法。NIPALS 算法是早期实现矩阵分解的一种方法，它采用迭代的方法逐一计算主成分，该算法的主要步骤如图3.2所示。

基于上述的算法，可以写出 NIPALS 的 Octave 代码，如程序示例3.1。

程序示例 3.1 nipals.m

```
## Copyright (C)  Feng Gan <cesgf@mail.sysu.edu.cn;sysucesgf@163.com>
##
## This program is free software; you can redistribute it and/or modify
## it under the terms of the GNU General Public License as published by
## the Free Software Foundation; either version 2 of the License, or
## (at your option) any later version.
##
## This program is distributed in the hope that it will be useful,
## but WITHOUT ANY WARRANTY; without even the implied warranty of
## MERCHANTABILITY or FITNESS FOR A PARTICULAR PURPOSE.  See the
## GNU General Public License for more details.
##
## You should have received a copy of the GNU General Public License
## along with this program; If not, see <http://www.gnu.org/licenses/>.

## -*- texinfo -*-
```

```
17  ## @deftypefn {Function File} {[@var{T},@var{P}] = } nipals (@var{X}, @var{pcn}, @var{
        itmax}, @var{tol})
18  ## NIPALS algorithm to solve model: X = TP'.
19  ##
20  ## INPUT
21  ## @itemize
22  ## @item
23  ## @code{X}     is a spectral matrix whose each row is a spectrum.
24  ## @item
25  ## @code{pcn}   is the potential number of principal component.
26  ## @item
27  ## @code{itmax} is the maximum iteration number.
28  ## @item
29  ## @code{tol}   is the convergence criterion.
30  ## @end itemize
31  ##
32  ## RETURN
33  ## @itemize
34  ## @item
35  ## @code{T} is the score matrix.
36  ## @item
37  ## @code{P} is the loading matrix.
38  ## @end itemize
39  ##
40  ## @end deftypefn
41
42  ## Author:  Feng Gan
43  ## Latest revision: 2015-10-01
44  ## Create:          1999-02-21
45
46  function [T,P] = nipals(X, pcn, itmax, tol)
47
48    if nargin < 4
49      error('Please see demo.');
50    endif
51
52    [m,n] = size(X);
53    pcn = min([m n pcn]);
54    X = X - repmat(mean(X),m,1);
55    T = zeros(m,pcn);
56    P = zeros(n,pcn);
57
58    for i = 1:pcn
59
60      itnum = 0;
61      rho = 1;
62      u_j = randn(m,1);
63      p = [];
64
65      while ((rho > tol) && (itnum < itmax))
66        p = X' * u_j;
67        p = p / norm(p);
68        u = X * p;
```

```
69	      rho = u - u_j;
70	      rho = rho' * rho;
71	      u_j = u;
72	      itnum ++;
73	      if (itnum > itmax)
74	        disp('Iteration number reaches the maximum value.')
75	      endif
76	    endwhile
77	
78	    T(:,i) = u;
79	    P(:,i) = p;
80	    X = X - u * p';
81	
82	  endfor
83	
84	endfunction
85	
86	%!demo
87	%! load ./Data/smcrm.mat
88	%! pcn = 3;
89	%! tol = 1e-5;
90	%! itmax = 100;
91	%! [T,P] = nipals(X,pcn,itmax,tol);
```

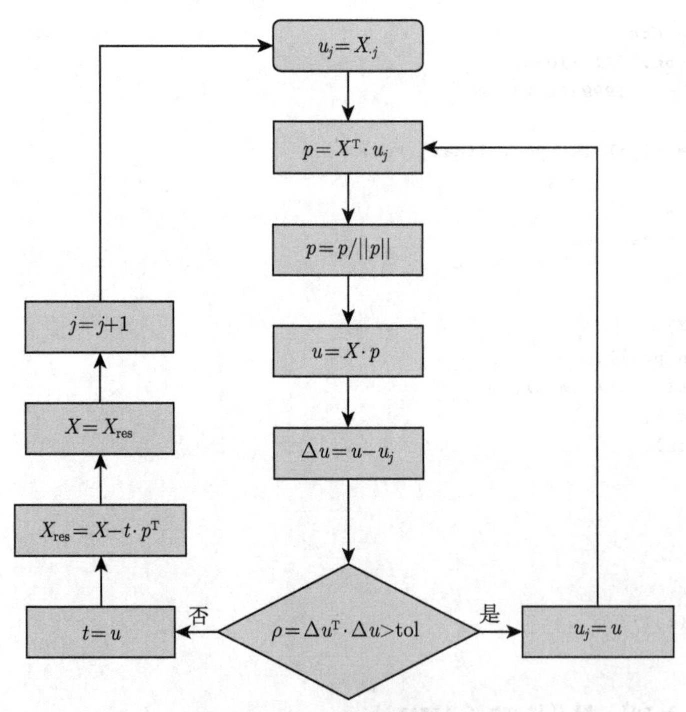

图 3.2　NIPALS 算法的原理图

程序的第 54 行是对矩阵 $\boldsymbol{X}$ 做均值中心化处理，这一步骤也可以在本程序之外进行。

第 62 行用正态随机数构造初始迭代变量。第 67 行对载荷向量 $\boldsymbol{p}$ 做了归一化操作。

本程序中未对得分向量 $\boldsymbol{t}$ 做归一化操作。如果需要，我们也可以对分解得到的载荷向量做归一化操作，如下：

```
lambda = norm(T(:,i));
T(:,i) = T(:,i)/lambda
```

这里，lambda 是得分向量的归一化因子，也是矩阵 $\boldsymbol{X}$ 的奇异值（特征值），在主成分分析中通常根据奇异值做相关的计算。式（3.13）因而也可以表达为

$$\boldsymbol{X} = \boldsymbol{T}\boldsymbol{\Lambda}\boldsymbol{P}^{\mathrm{T}} \tag{3.14}$$

式中，$\boldsymbol{T}$ 和 $\boldsymbol{P}$ 均是列归一化的矩阵；$\boldsymbol{\Lambda}$ 是一个对角矩阵，其元素为特征值。

表 3.1 的第 2 列和第 3 列为一组演示数据，是两个变量 y_1 和 y_2 下的 10 个样本测量值，该数据已经预先做了均值中心化处理。将 nipals.m 程序用于计算该数据，得到后两列的得分向量值 t_1 和 t_2。表 3.1 的最后 1 行是每个变量的方差占总方差的百分率，从中可以看到，第 1 得分向量的方差百分率已经增加到 85.64%。

表 3.1　主成分分析演示数据

序号	y_1	y_2	t_1	t_2
1	−5.0	−3.5	6.1	−0.21
2	−4.0	0.5	3.1	2.6
3	−3.0	−3.0	4.1	−0.88
4	−2.0	−2.0	2.80	−0.59
5	−0.5	−0.5	0.69	−0.15
6	1.0	−1.5	−0.022	−1.8
7	1.5	3.5	−3.2	2.1
8	2.5	4.0	−4.3	2.0
9	4.0	0.5	−3.6	−1.8
10	5.5	2.0	−5.7	−1.3
均值	0.00	0.00	0.00	0.00
方差	12.22	6.72	16.22	2.72
方差百分率/%	64.52	35.48	85.64	14.36

图 3.3 为数据的散点图以及主成分分析得到的第 1 主轴（p_1）和第 2 主轴（p_2）。从图中可以看到，第 1 主轴以最接近全体数据点的方式穿越了变量空间，因而它能更好地表达全体数据的信息，这也是与其具有最大的方差占有率相对应的。第 1 主轴和第 2 主轴为所有的数据点构造了一套新的正交坐标系，表 3.1 中样本的得分向量值，实际上是原数据点坐标变换到新的坐标系中的坐标值。例如，第 1 个样本的坐标从（$-5, -3.5$）变换到了新坐标系中的（$6.1, -0.21$），而第 6 个样本的坐标从（$1, -1.5$）变换到了新坐标系中的（$-0.02, -1.8$）。

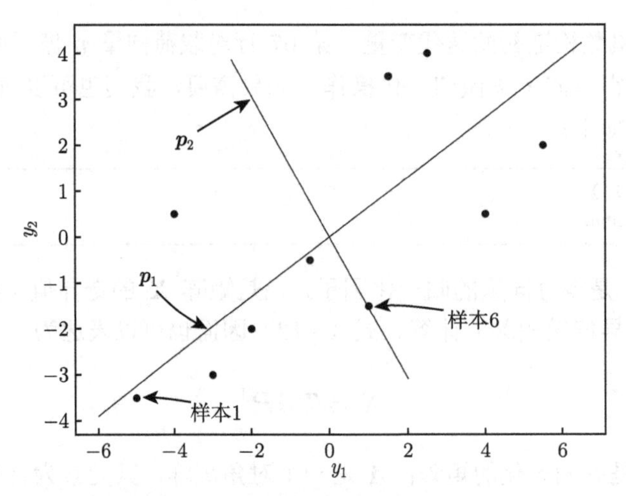

图 3.3　演示数据的散点图和主轴

3.1.4　主成分数的确定

矩阵 $\boldsymbol{Y}$ 的相关矩阵可以表达为

$$\boldsymbol{D}=\boldsymbol{Y}^{\mathrm{T}}\boldsymbol{Y}=\begin{bmatrix}\boldsymbol{Y}_{\cdot1}^{\mathrm{T}}\boldsymbol{Y}_{\cdot1} & \boldsymbol{Y}_{\cdot1}^{\mathrm{T}}\boldsymbol{Y}_{\cdot2} & \cdots & \boldsymbol{Y}_{\cdot1}^{\mathrm{T}}\boldsymbol{Y}_{\cdot n}\\ \boldsymbol{Y}_{\cdot2}^{\mathrm{T}}\boldsymbol{Y}_{\cdot1} & \boldsymbol{Y}_{\cdot2}^{\mathrm{T}}\boldsymbol{Y}_{\cdot2} & \cdots & \boldsymbol{Y}_{\cdot2}^{\mathrm{T}}\boldsymbol{Y}_{\cdot n}\\ \vdots & \vdots & & \vdots\\ \boldsymbol{Y}_{\cdot n}^{\mathrm{T}}\boldsymbol{Y}_{\cdot1} & \boldsymbol{Y}_{\cdot n}^{\mathrm{T}}\boldsymbol{Y}_{\cdot2} & \cdots & \boldsymbol{Y}_{\cdot n}^{\mathrm{T}}\boldsymbol{Y}_{\cdot n}\end{bmatrix} \tag{3.15}$$

上述运算得到的矩阵 $\boldsymbol{D}$ 是对称正定矩阵，我们只关注其对角元，其一般形式如下：

$$\begin{aligned}\boldsymbol{Y}_{\cdot i}^{\mathrm{T}}\boldsymbol{Y}_{\cdot i}&=(y_{1i}-\bar{y}_{\cdot i})^2+\cdots+(y_{mi}-\bar{y}_{\cdot i})^2\\&=\sum_{k=1}^{m}(y_{ki}-\bar{y}_{\cdot i})^2\end{aligned} \tag{3.16}$$

式（3.16）表明每个对角元是与每个变量的离差平方和，而离差平方和可描述方差，所以将相关矩阵的对角元相加就可以用于描述所有变量的总体方差。

另外，矩阵 $\boldsymbol{D}$ 可以被对角化，即

$$\boldsymbol{D}=\boldsymbol{V}\begin{bmatrix}\lambda_1 & 0 & \cdots & 0\\ 0 & \lambda_2 & \cdots & 0\\ \vdots & \vdots & & \vdots\\ 0 & 0 & \cdots & \lambda_n\end{bmatrix}\boldsymbol{V}^{-1} \tag{3.17}$$

式中，$\lambda_1>\cdots>\lambda_n$ 是特征值；$\boldsymbol{V}$ 是特征向量矩阵，其每一列是与一个特征值对应的特征向量。

根据线性代数理论，可得

$$\sum_{j=1}^{n}\sum_{k=1}^{m}(y_{kj}-\bar{y}_{\cdot j})^2=\sum_{j=1}^{n}\lambda_j \tag{3.18}$$

可见，特征值之和是与变量的方差相关的量。从方差分析可知，式（3.18）左侧表示总离差平方和，它可以分解成因素导致的偏差平方和与随机误差导致的偏差平方和的加和。从化学角度看，总离差平方和是实际有响应的组分的效应与随机误差效应的加和。所以，特征值的加和也可以分成两部分：一部分是化学组分的贡献，另一部分是随机误差的贡献。如果体系有响应的化学组分数为 A（即主成分数），则

$$\sum_{j=1}^{n}\lambda_j=\sum_{j=1}^{A}\lambda_j+\sum_{j=A+1}^{n}\lambda_j \tag{3.19}$$

所以，只要 A 能够正确反映体系的主成分数，$\sum\limits_{j=1}^{A}\lambda_j$ 将占据一个合理的比率，而通过计算该比率，就可以反过来大致确定体系的主成分数。在主成分确定之后，式（3.2）可以用主成分来描述如下：

$$\boldsymbol{Y}=\boldsymbol{T}\boldsymbol{P}^{\mathrm{T}}=\boldsymbol{t}_1\boldsymbol{p}_1^{\mathrm{T}}+\cdots+\boldsymbol{t}_A\boldsymbol{p}_A^{\mathrm{T}} \tag{3.20}$$

在“3.1.3 矩阵的主成分分解方法”中，我们仅解决了主成分的提取问题，据此可得到潜在的主成分信息，但并不能知道体系中具体应该有多少个主成分。由于测量误差的存在，主成分数不易确定。表 3.1 中的结果表明，第一主成分已经占据了总体方差的 85.64%，我们可以据此认为该体系可以用一个主成分来描述。

当前使用最多、也是最简单的方法是 Scree 图法，它通过绘制特征值图，从其变化趋势中确定主成分数。图 3.4 是一个二组分体系的 Scree 图。从图中可以看到，从第 1 特征值到第 2 特征值发生了显著的改变，从第 2 特征值到第 3 特征值有一定程度的改变，但从第 3 特征值开始后续的特征值改变程度不大。因而，一般认为体系的主成分数为 2。当然，采用这种方法更多地依靠经验。

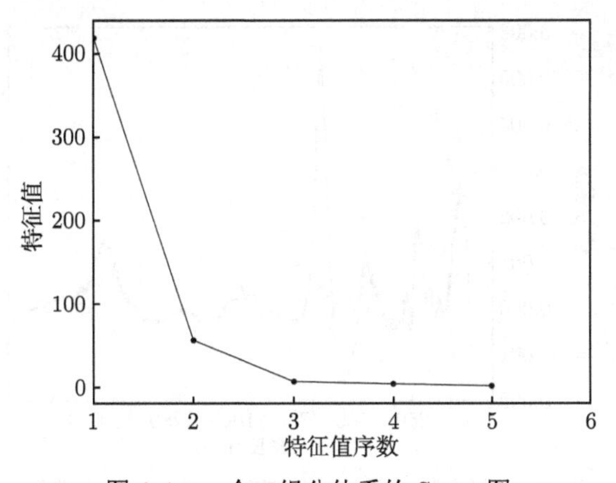

图 3.4 一个二组分体系的 Scree 图

在实验误差已知的情况下，根据实验误差来判定体系的主成分数是一种有效的方法。从式（3.18）和式（3.19）可得体系的残余标准偏差（residual standard deviation, RSD）为

$$m(n-A)\,\mathrm{RSD}^2=\sum_{i=1}^{m}\sum_{j=A+1}^{n}\lambda_j \tag{3.21}$$

即

$$\mathrm{RSD}=\sqrt{\frac{\sum\limits_{i=1}^{m}\sum\limits_{j=A+1}^{n}\lambda_j}{m(n-A)}} \tag{3.22}$$

通过设定不同的主成分数 A 计算 RSD 值，并与实验误差比较，当二者无显著差异时即可得到合适的主成分数。

除上述两种方法之外，许多科研人员建立了多种指标来判定体系的主成分数，如 Malinowski 提出用约化特征值（REV）来判定主成分数，计算公式如下：

$$\mathrm{REV}_j=\frac{\lambda_j}{(m-j+1)(n-j+1)} \tag{3.23}$$

3.1.5 主成分投影图

主成分分析中除了关注特征值的变化之外，有时也关注得分向量和载荷向量的变化规律，采用作图法是揭示这些变化规律的一种有效方法。最常用的作图方法是将第一得分（或载荷）向量对第二得分（或载荷）向量作图，也称为主成分投影图。

图 3.5 为 160 个烟丝的近红外光谱图。该烟丝样本由添加不同香精的烟丝组成。将上述的烟丝近红外光谱数据按样本构成矩阵数据 $\boldsymbol{A}$，用 nipals 函数进行主成分分析，即可得到图 3.6 所示的主成分投影图。

```
octave:1> [T,P] = nipals(A, 5, 100, 1e-5);
octave:2> plot(T(:,1),T(:,2),'o');
```

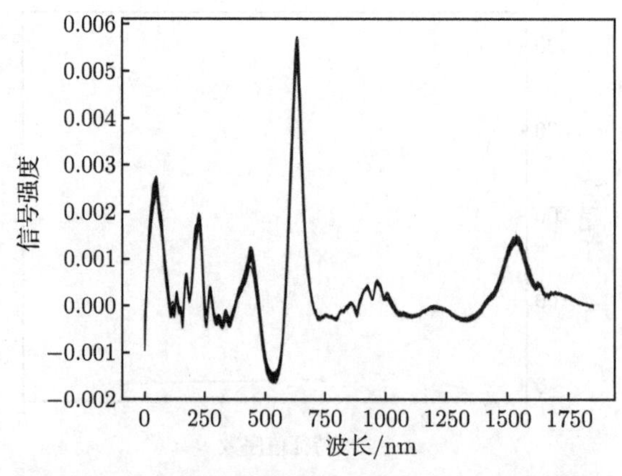

图 3.5 经一阶求导处理的两种烟丝近红外光谱图

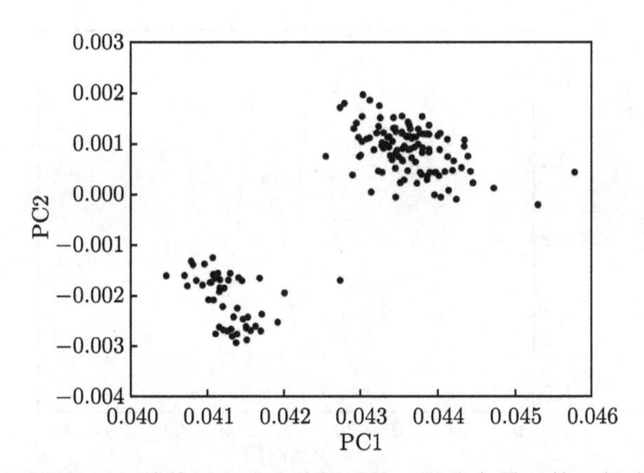

图 3.6　两种烟丝近红外数据主成分分解后第一得分向量对第二得分向量作图

从图3.6可以看到，两种烟丝聚集在空间的不同区域，展示了两种烟丝的不同属性。由于主成分投影图具有这样的特性，因而常被用于聚类分析。

图3.6仅为第 1 得分向量对第 2 得分向量作图，因而也反映了将高维空间（维数由近红外光谱图的波长点确定）中的样本点投射到二维空间后的样本分布情况。在图3.5中看不清楚的样本分布情况，在主成分投影图中可以较好地展现，这主要得益于主成分分析最大限度地展示样本的分散度。由于这个特性，主成分投影图也常被用于模式识别。

Octave 提供了进行主成分分析的函数 princomp，有兴趣者可以将其显示出来进行分析，此处不赘述。

3.2　演进因子分析

演进因子分析法（evolving factor analysis，EFA）由 Gampp 等发表于 1985 ~ 1987 年间，他们将该法用于反应平衡常数的预测等，展示了该法的有效性。由于 EFA 以演进的方式研究测量数据，因而可用于研究化学反应体系和色谱分析体系。Keller 和 Massart 于 1991 年提出固定尺寸移动窗口演进因子分析法（fixed size moving window evolving factor analysis，FSMWEFA），用于色谱峰纯度的检验。

3.2.1　演进因子分析原理

我们以二维联用色谱体系为例来阐释 EFA 的原理。二维联用色谱数据通常可用双线性模型描述如下：

$$\boldsymbol{Y}_{t\times n} = \boldsymbol{C}_{t\times p}\boldsymbol{S}_{p\times n} \tag{3.24}$$

式中，$\boldsymbol{Y}_{t\times n}$ 的每一列是一个色谱图，其每一行是一个光谱图。$\boldsymbol{C}_{t\times p}$ 是体系中组分的浓度矩阵，其每一列对应于体系中纯组分的浓度向量，如图3.7所示。图中两个组分的浓度乘以吸光系数，就形成了我们通常检测到的色谱图，如图3.8所示，它构成了 $\boldsymbol{Y}_{t\times n}$ 的某一列。

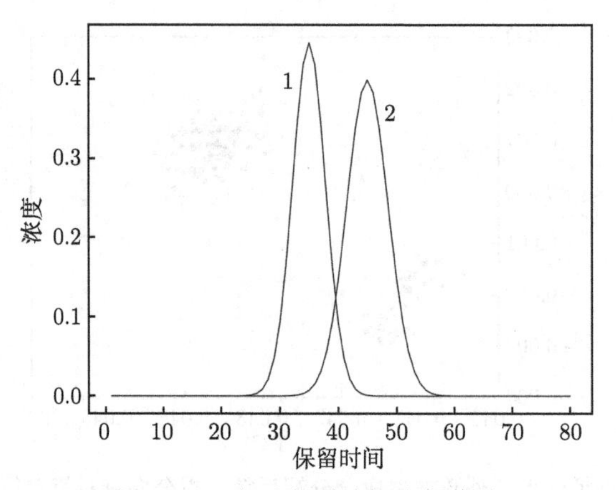

图 3.7　二组分体系纯组分色谱图

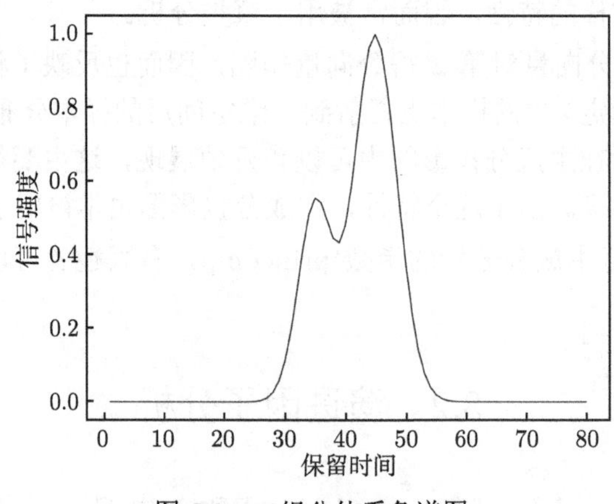

图 3.8　二组分体系色谱图

从图3.7中可以看到，两个组分有一定程度的重叠，这导致测量的色谱峰出现重叠，这将严重影响到对该体系的定性和定量分析。要强调的是，色谱峰之间发生重叠较易发生，更为严重的情况是出现包含峰，即一个色谱峰完全包含在另外一个色谱峰之内。从这个意义上说，我们通常所看到的每一个呈现单峰形态的色谱峰也有可能是包含峰。所以，在传统的色谱定量分析中，如果不对色谱峰的纯度进行检验是有风险的。目前，在传统的一维色谱理论的框架下，没有合适的方法可以较好地解决这个问题。早期采用多个高斯峰对一维色谱产生的色谱峰进行分辨，这样的做法过于主观。实际上，对一个色谱峰采用多个高斯峰进行拟合总是可以得到一个结果的，但是究竟应该使用多少个高斯峰进行拟合，则没有规则可循。类似的情况也出现在化学测量的其他领域，应引起我们的关注，在此不展开讨论。

然而，基于二维联用色谱数据，这个问题可以得到很好的解决。对于色谱体系而言，其显著的特性是组分依次流出。以图3.7为例，第 1 个组分在保留时间约 25 的位置流出，并在约 45 的位置流出完毕；第 2 个组分在约 32 的位置流出，并在约 58 的位置流出完毕。在保留时间 25 之前及 58 之后基本上都是流动相产生的背景信号，通常情况下是测量噪声。

设测量噪声部分对应于测量矩阵 $\boldsymbol{Y}_{(1:24)\times n}$，如果对这个部分进行奇异值分解，得到：

$$\boldsymbol{Y}_{(1:24)\times n} = \boldsymbol{U}\boldsymbol{\Lambda}\boldsymbol{V}^{\mathrm{T}} \tag{3.25}$$

这里，我们只关心对角元矩阵 $\boldsymbol{\Lambda}$，其元素为 λ_1，λ_2，$\lambda_3, \cdots$。对于由噪声信号构成的矩阵而言，其特征值基本相同，即 $\lambda_1 \approx \lambda_2 \approx \lambda_3 \approx \cdots$。

如果我们截取更多的行，得到另外一个矩阵 $\boldsymbol{Y}_{(1:30)\times n}$，它已经包含了第一个组分的色谱信息，对这个矩阵做奇异值分解，得到：

$$\boldsymbol{Y}_{(1:30)\times n} = \boldsymbol{U}\boldsymbol{\Lambda}\boldsymbol{V}^{\mathrm{T}} \tag{3.26}$$

此时的特征值具有如下的规律：$\lambda_1 > \lambda_2 \approx \lambda_3 \approx \cdots$，即第一个特征值会显著大于后续的特征值。因而，利用色谱演进过程中的特征值的这个变化规律，可以很好地区分组分信息与背景信息，这构成了 EFA 的理论基础。

基于 EFA 的理论可以写出 EFA 的 Octave 代码，见程序示例 3.2。

程序示例 3.2　efa.m

```
1
2  ## Copyright (C) Feng Gan <cesgf@mail.sysu.edu.cn; sysucesgf@163.com>
3  ## This program is free software; you can redistribute it and/or modify it under
4  ## the terms of the GNU General Public License as published by the Free Software
5  ## Foundation; either version 3 of the License, or (at your option) any later
6  ## version.
7  ##
8  ## This program is distributed in the hope that it will be useful, but WITHOUT
9  ## ANY WARRANTY; without even the implied warranty of MERCHANTABILITY or
10 ## FITNESS FOR A PARTICULAR PURPOSE. See the GNU General Public License for more
11 ## details.
12 ##
13 ## You should have received a copy of the GNU General Public License along with
14 ## this program; if not, see <http://www.gnu.org/licenses/>.
15 ##
16
17 ## -*- texinfo -*-
18 ## @deftypefn {Function File} {[@var{forwardEigenValues}, @var{reverseEigenValues}] =}
       efa (@var{X}, @var{nEigenValues})
19 ## Evolving factor analysis
20 ## with the model @code{X = CS}.
21 ##
22 ## @itemize
23 ## @item
24 ## @code{X}                  --- a spectral matrix whose each row is a spectrum.
25 ## @item
26 ## @code{nEigenValues}       --- the number of eigen values to be collected.
27 ## @end itemize
28 ##
29 ## Return values
30 ##
31 ## @itemize
```

```
32  ## @item
33  ## @code{forwardEigenValues} --- the forward eigen values.
34  ## @item
35  ## @code{reverseEigenValues} --- the reverse eigen values.
36  ## @end itemize
37  ## @end deftypefn
38  ##
39  ## References:
40  ## - Gampp, H., Maeder, M., Meyer, C. J. & Zuberbuhler, A. D. Talanta 32, 95 - 101 (1985).
41  ##
42  ## Author:  Feng Gan
43  ## Lastest Revision: 2017-10-28
44  ## Create date:      2008-07-08
45
46
47  function [forwardEigenValues,reverseEigenValues] = efa(X, nEigenValues);
48
49    if (nargin < 2)
50      nEigenValues = 5;
51    end
52
53    [mRows, nCols] = size(X);
54    if nEigenValues > (min([mRows nCols]))/2
55      error('You set a too big nev value!');
56    end
57
58    forwardEigenValues = zeros(mRows - 1, nEigenValues);
59    reverseEigenValues = zeros(mRows - 1, nEigenValues);
60
61    for i = 2:mRows
62      subX = X(1:i,:);
63      mRowsSub = size(subX,1);
64      if mRowsSub < nCols
65        subX = subX' * subX;
66      else
67        subX = subX * subX';
68      endif
69      eigenValues = svd(subX);
70      eigenValues = sqrt(eigenValues(1:min(mRowsSub, nEigenValues)));
71      forwardEigenValues(i-1, 1:min(mRowsSub, nEigenValues)) = eigenValues';
72    end
73
74    for i = (mRows-1):-1:1
75      subX = X(i:mRows, :);
76      mRowsSub = size(subX,1);
77      if mRowsSub < nCols
78        subX = subX' * subX;
79      else
80        subX = subX * subX';
81      end
82      eigenValues = svd(subX);
83      eigenValues = eigenValues(1:min(mRowsSub,nEigenValues));
84      eigenValues = sqrt(eigenValues(1:min(mRowsSub,nEigenValues)));
```

```
85      reverseEigenValues(i, 1:min(mRowsSub,nEigenValues)) = eigenValues';
86    end
87
88    for i = 1:mRows-1
89      for j = 1:nEigenValues
90        if forwardEigenValues(i,j) > 0
91          forwardEigenValues(i,j) = log10(forwardEigenValues(i,j));
92        end
93        if reverseEigenValues(i,j) > 0
94          reverseEigenValues(i,j) = log10(reverseEigenValues(i,j));
95        end
96      end
97    end
98
99    for i = 1:nEigenValues
100     forwardEigenValues(1:i,i) = forwardEigenValues(i,i);
101     reverseEigenValues(mRows-i:mRows-1,i) = reverseEigenValues(mRows-i,i);
102   end
103
104 endfunction
105
106 %!demo
107 %! load ./Data/masartdata.mat;
108 %! [fev,rev] = efa(X, 6);
109 %! plot(fev)
110 %! hold on
111 %! plot(rev,'-.')
```

第 50 行给定了一个缺省的特征值数。在不清楚采用多大的特征值数目比较合适时，不妨从这个值开始尝试。第 54 行是为了控制不让用户输入过大的特征值数目。第 61 ~ 74 行是正向 EFA 过程，第 76 ~ 88 行是反向 EFA 过程。第 66 ~ 70 行，通过矩阵转置相乘的方式得到一个更小的矩阵，这样可以加快第 71 行的矩阵奇异值分解速度。这是编写涉及矩阵分解相关算法时的一个小技巧。相应地，在第 72 行对特征值也要做开根号的处理。由于特征值的变化很大，所以在第 90 ~ 99 行对相应的特征值求对数值，这样在绘制图形的时候纵坐标的刻度可以控制在一个合适的范围内，便于图示。第 101 ~ 104 行是对最前端和最后端的数据做一个“美化”处理，以便不破坏图示效果，这样的处理不会改变体系的本质变化规律。不同的编程人员有不同的处理方式，本程序中是将右侧的特征值对数值取代左侧的零值。

将该程序用于图 3.8 的色谱体系，仅计算 3 个特征值，如下：

```
octave:1>[fev,rev] = efa(Y, 3);
octave:2>plot(fev)
octave:3>plot(rev)
```

图 3.9 和图 3.10 分别为正向演进因子分析结果和反向演进因子分析结果，图中的实线、虚线和点线分别代表第 1 个特征值、第 2 个特征值和第 3 个特征值。随着演进过程的进行，第 1 个特征值和第 2 个特征值特征值逐渐出现并达到一个稳定值，而第 3 个特征值一直没有大的改变。因而，这个体系只有两个组分，且第一个组分在约 25 的位置出现，第二

个组分在约 35 的位置出现。正向演进因子分析实际上是揭示了组分的出现。

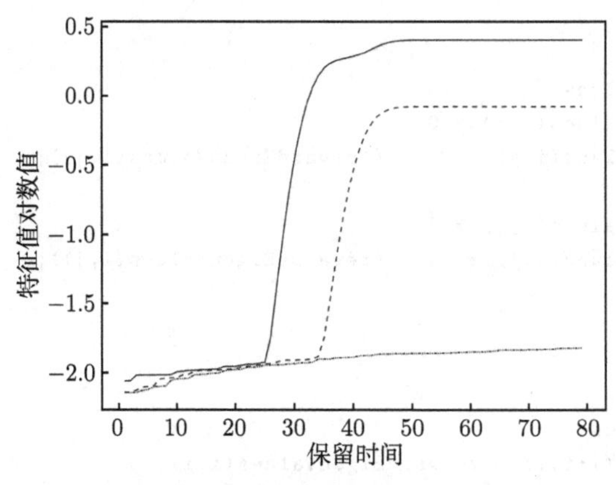

图 3.9　正向演进因子分析结果

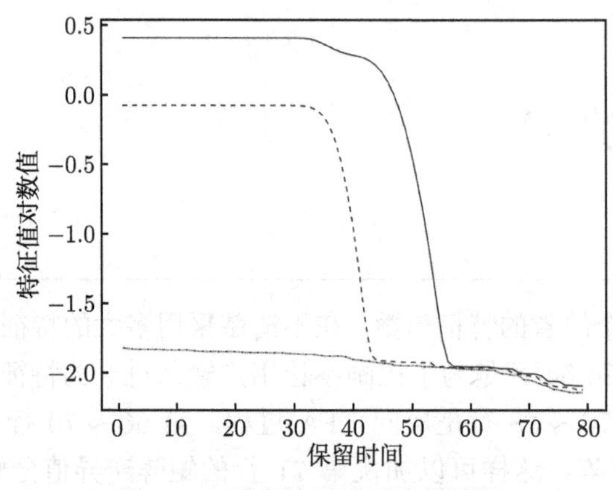

图 3.10　反向演进因子分析结果

图 3.10 的反向因子分析结果，与正向演进因子分析相反，它揭示的是组分的消失位置。图中显示第一个组分在约 42 的位置消失，第二个组分在约 59 的位置消失。

Mæder 于 1987 年将 EFA 用于联用色谱数据的分辨，即从测量矩阵 $\boldsymbol{Y}$ 得到 $\boldsymbol{C}$ 和 $\boldsymbol{S}$。Mæder 的做法是先将二维数据矩阵 $\boldsymbol{Y}$ 进行分解，如下：

$$\boldsymbol{Y}=\boldsymbol{U}\boldsymbol{\Lambda}\boldsymbol{V}^{\mathrm{T}} \tag{3.27}$$

这里，$\boldsymbol{U}^{\mathrm{T}}\boldsymbol{U}=\boldsymbol{V}^{\mathrm{T}}\boldsymbol{V}=\boldsymbol{I}$。

将式（3.24）和式（3.27）结合，并右乘 $\boldsymbol{V}^{\mathrm{T}}(\boldsymbol{\Lambda}\boldsymbol{V}^{\mathrm{T}})^{-1}$ 得到：

$$\boldsymbol{C}=\boldsymbol{U}\boldsymbol{\Lambda}\left(\boldsymbol{S}^{\mathrm{T}}\boldsymbol{V}\right)^{-1}=\boldsymbol{U}\boldsymbol{R} \tag{3.28}$$

式中，$\boldsymbol{R}=\boldsymbol{\Lambda}(\boldsymbol{S}^{\mathrm{T}}\boldsymbol{V})^{-1}$ 称为旋转矩阵（或投影矩阵）。

式（3.28）表明浓度矩阵 $\boldsymbol{C}$ 可用 $\boldsymbol{U}$ 的线性加和来表达。根据矩阵运算规律，矩阵 $\boldsymbol{C}$ 的某一列 $\boldsymbol{c}_i$ 可以表达为

$$\boldsymbol{c}_i = \boldsymbol{U}\boldsymbol{r}_i \tag{3.29}$$

式中，$\boldsymbol{r}_i$ 是 $\boldsymbol{R}$ 的第 i 列。

由于式（3.29）中的 $\boldsymbol{c}_i$ 和 $\boldsymbol{r}_i$ 均是未知的量，因而依然无法得到 $\boldsymbol{c}_i$。Mæder 的解决方法是从演进因子分析图中找出第 i 个组分的零浓度区间，如图3.7中第一个组分的零浓度区间为 $1\sim8$ 行和 $32\sim80$ 行。按照矩阵的运算规律，式（3.29）对应于零浓度区间的部分如下：

$$\boldsymbol{c}_{0,i} = \boldsymbol{U}_0\boldsymbol{r}_i = \boldsymbol{0} \tag{3.30}$$

式中，$\boldsymbol{c}_{0,i}$ 和 $\boldsymbol{U}_0$ 分别是 $\boldsymbol{c}_i$ 和 $\boldsymbol{U}$ 与零浓度区间相对应的部分。很显然，直接解这个方程无法得到有意义的解。一个解决方案是将 $\boldsymbol{r}_i$ 的第一个元素固定下来，如设 $r_{i,1}=1$。此时，$\boldsymbol{U}$ 和 $\boldsymbol{r}_i$ 可拆分成如下的两个子阵：

$$\boldsymbol{U}_0 = \begin{bmatrix} \boldsymbol{u}_{0,1} & \boldsymbol{U}_{0,2} \end{bmatrix} \qquad \boldsymbol{r}_i = \begin{bmatrix} 1 \\ \boldsymbol{r}_{i,2} \end{bmatrix} \tag{3.31}$$

因而

$$\boldsymbol{u}_{0,1} + \boldsymbol{U}_{0,2}\boldsymbol{r}_{i,2} = 0 \tag{3.32}$$

最后得到

$$\boldsymbol{r}_{i,2} = -\left(\boldsymbol{U}_{0,2}^{\mathrm{T}}\boldsymbol{U}_{0,2}\right)^{-1}\boldsymbol{U}_{0,2}^{\mathrm{T}}\boldsymbol{u}_{0,1} \tag{3.33}$$

很显然，这样得到解只是一个可能的解。由于将演进因子分析法用于分辨并不具有更多的优势，本书不做进一步讨论。

最后要强调的是，对于最终产品而言，其中杂质的含量通常较低，其色谱峰往往较小而不易显现出来。有些杂质的色谱峰会伴随主要成分的色谱峰流出，且二者的光谱有一定的相似，这种情况下采用 EFA 会因为矩阵亏秩而得到错误信息。此外，EFA 采用逐渐增大的窗口，将越来越多的光谱包含进来进行计算，需耗费较多的计算时间。

3.2.2 固定尺寸移动窗口演进因子分析法

与 EFA 不同，FSMWEFA 采用了固定尺寸的窗口。如图3.11所示，我们设定了 3 行数据跨度的窗口，通过移动这个窗口，可以依次扫描到所有的数据，类似于用一个放大镜去看数据。采用固定尺寸窗口的好处是，无论研究的数据矩阵有多大，始终只计算一个相对较小的数据集，因而可大大缩短计算时间。同时，它也较好地避免了在 EFA 中可能存在的亏秩问题。

0.0004	0.0003	0.0010	-0.0006	0.0007 ……
0.0006	0.0009	0.0012	0.0013	0.0012 ……
0.0018	0.0016	0.0011	0.0019	0.0022 ……
0.0027	0.0029	0.0034	0.0038	0.0044 ……
0.0159	0.0169	0.0181	0.0198	0.0209 ……
0.0248	0.0268	0.0287	0.0300	0.0313 ……
0.0351	0.0384	0.0410	0.0433	0.0466 ……
0.0472	0.0511	0.0554	0.0589	0.0626 ……
0.0592	0.0647	0.0697	0.0747	0.0786 ……

图 3.11　固定尺寸移动窗口示意图

与 EFA 相比，FSMWEFA 法的算法也会简单很多，其 Octave 代码如程序示例 3.3 所示。

程序示例 3.3　fsmwefa.m

```
1  ## Copyright (C) Feng Gan <cesgf@mail.sysu.edu.cn; sysucesgf@163.com>
2  ## This program is free software; you can redistribute it and/or modify it under
3  ## the terms of the GNU General Public License as published by the Free Software
4  ## Foundation; either version 3 of the License, or (at your option) any later
5  ## version.
6  ##
7  ## This program is distributed in the hope that it will be useful, but WITHOUT
8  ## ANY WARRANTY; without even the implied warranty of MERCHANTABILITY or
9  ## FITNESS FOR A PARTICULAR PURPOSE. See the GNU General Public License for more
10 ## details.
11 ##
12 ## You should have received a copy of the GNU General Public License along with
13 ## this program; if not, see <http://www.gnu.org/licenses/>.
14 ##
15
16 ## -*- texinfo -*-
17 ## @deftypefn {Function File} {[@var{evolvingEigenValues}] =} fsmwefa (@var{X}, @var{
      winSize})
18 ## Fixed size moving window evolving factor analysis
19 ## with the model @code{X = CS}.
20 ##
21 ## @itemize
22 ## @item
23 ## @code{X}                   --- a spectral matrix whose each row is a spectrum.
24 ## @item
25 ## @code{winSize}             --- size of the moving window.
26 ## @end itemize
27 ##
28 ## Return values
29 ##
30 ## @itemize
31 ## @item
32 ## @code{evolvingEigenValues} --- the eigen values in evolving process.
33 ## @end itemize
```

```
34  ## @end deftypefn
35  ##
36  ## References:
37  ## - 1. Keller, H. R. and Massart, D. L. Anal. Chim. Acta, 1991, 246, 379 - 390.
38  ##
39  ## Lastest Revision: 2015-09-07
40  ## Create date: 2008-07-08
41  function [evolvingEigenValues] = fsmwefa(X,winSize)
42    evolvingEigenValues = [];
43    if (nargin < 2)
44      winSize = 5;
45    end
46    [mRows, nCols] = size(X);
47    if winSize > (min([mRows nCols]))/2
48      error('You set a too big window size!');
49    end
50    for i = 1:(mRows - winSize + 1)
51      subX = X(i:(i+winSize-1),:);
52      subX = subX * subX';
53      eigenValues = svd(subX);
54      eigenValues = log10(eigenValues);
55      evolvingEigenValues = [evolvingEigenValues; eigenValues'];
56    end
57  endfunction
58  %!demo
59  %! load ./Data/masartdata.mat;
60  %! [ev] = fsmwefa(X,6);
61  %! plot(ev)
```

将该程序用于图3.8的色谱体系，窗口大小设置为 3，如下：

```
octave:1>[ev] = fsmwefa(Y,3);
octave:2>plot(ev)
```

图3.12为固定尺寸移动窗口演进因子分析结果。图中的实线、虚线和点线分别代表第

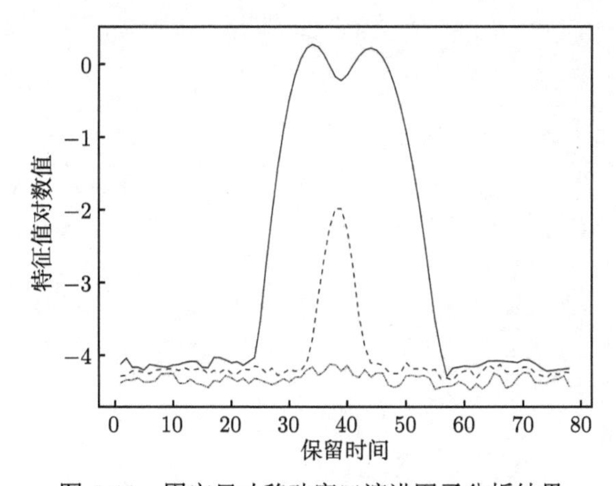

图 3.12　固定尺寸移动窗口演进因子分析结果

1 个特征值、第 2 个特征值和第 3 个特征值。与图3.7所示的 EFA 计算结果相比，它有几个特点：① 特征值先增大后减小；② 特征值显著大于噪声的部分虽然也可指示组分的出现和消失，但是其指示的位置与真实位置有一定程度的差别，窗口越大，差异也越大。

第 4 章　多维曲线分辨

多维曲线分辨是化学计量学中最具有化学特色的研究领域。与前面的内容不同，多维曲线分辨能最大限度地利用获得的化学信息，对测量数据中所包含的信息进行深入的挖掘。多维曲线分辨借助了数学模型和算法，但是又不是简单地套用已有的数学方法，而是在化学体系的特殊信息的引导下构建新型的算法。本章将以较大的篇幅对多维曲线分辨进行介绍。

4.1　自模式曲线分辨

自模式曲线分辨（self-modeling curve resolution，SMCR）是 Lawton 和 Sylvester 于 1971 年提出的一种针对二组分化学体系的二维数据进行分辨的方法。他们从当时的化学测量技术（如色谱、光谱等）的发展状况认识到，从复杂体系中分辨化学物质的谱的形状具有潜在的重要意义，因而建立了一种基于主成分分析技术的谱分辨方法。

在 SMCR 方法提出之前，化学家实际上已经在探索采用数学的方法从色谱分析数据中分辨出重叠的色谱峰，而普遍的做法是通过高斯峰（或其他分布的峰形态）拟合的方式得到重叠峰中各组分的色谱峰。当前，化学研究中对 X 射线光电子能谱的分峰基本上还是延续了传统的用高斯峰拟合的方法。但是，这种对组分的峰形态做出主观假设的做法未必符合实际的情况。

在 SMCR 的框架下，可以不再对谱的形态做出任何的假设，消除了人的主观因素造成的影响。更为重要的是，SMCR 开启了从纯数学的途径去发现实际体系中组分的真实信息的先例。因而，把 SMCR 方法视为一个里程碑的工作并不为过。

4.1.1　基本假设

Lawton 和 Sylvester 以一个两种染料混合物体系的紫外-可见光谱数据来阐释 SMCR 方法。图 4.1 为他们所采用的染料体系的紫外-可见光谱图。根据第 1 章的知识，图中的每条光谱均是两种染料光谱的线性加和，所以

$$\boldsymbol{y}^{\mathrm{T}} = c_1\boldsymbol{s}_1^{\mathrm{T}} + c_2\boldsymbol{s}_2^{\mathrm{T}} \tag{4.1}$$

式中，$\boldsymbol{y}$ 是测量一个样品得到的光谱向量；$\boldsymbol{s}_1$ 和 $\boldsymbol{s}_2$ 分别为两种染料的光谱向量；c_1 和 c_2 是对应染料的含量。上述将列向量转置成为行向量的表达方式是为了强调它表示一个样品的光谱向量。

式（4.1）中除 $\boldsymbol{y}$ 之外均是未知量，要想从该方程中直接求出这些未知量几无可能。这种情况可以用一个简单的例子来做类比，如果我们要将 100 这个数字拆分成两个整数乘法的加和，可以得到如下的结果：

$$100 = 2\times 25 + 2\times 25$$

$$100 = 10 \times 5 + 10 \times 5$$

$$100 = 1 \times 50 + 1 \times 50$$

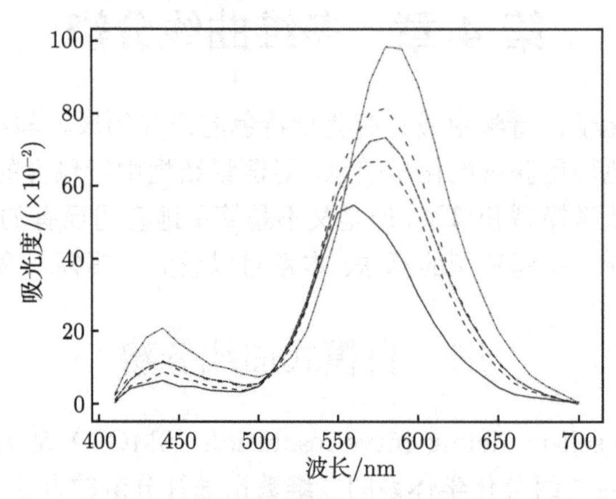

图 4.1 染料体系的紫外-可见光谱

从表面上看，我们得到了三组解。但是，真实的解会是哪一组呢？如果拓展到非整数的情况，则解的数目将变得无穷多。因而，如果不引入更多的信息的话，我们将无法得到式（4.1）的可行解。

增加信息量的一个简单方法是增加样品数，由此也得到一个测量信号矩阵 $\boldsymbol{Y}$，其每一行对应于一个样品的光谱向量。从第 1 章的内容可知 $\boldsymbol{Y}$ 具有如下的形式：

$$\boldsymbol{Y} = \boldsymbol{c}_1\boldsymbol{s}_1^{\mathrm{T}} + \boldsymbol{c}_2\boldsymbol{s}_2^{\mathrm{T}} = [\boldsymbol{c}_1 \ \ \boldsymbol{c}_2]\begin{bmatrix}\boldsymbol{s}_1^{\mathrm{T}} \\ \boldsymbol{s}_2^{\mathrm{T}}\end{bmatrix} \tag{4.2}$$

式中，$\boldsymbol{c}_1$ 和 $\boldsymbol{c}_2$ 分别为两种染料的浓度向量。

为了使得测量得到的光谱矩阵 $\boldsymbol{Y}$ 是有实际意义的，必须设立两个约束条件：① $\boldsymbol{s}_1$ 和 $\boldsymbol{s}_2$ 为非线性相关；② $\boldsymbol{c}_1$ 与 $\boldsymbol{c}_2$ 为非线性相关。“约束条件①”要求两种染料的光谱不能相似。如果一个两组分体系中组分的谱相同，则这个体系本身即便在化学上也是非常难以分辨的。“约束条件②”要求在不同的样品中，两个染料的浓度比例关系应该不同。如果浓度之间表现出等比例，则总有一个组分其固有的谱特征将会被“淹没”，这样的体系也是无法分辨的。

4.1.2 分辨算法

从式（4.2）的内容和形式来看，依然无法直接得到化学体系中组分的光谱信息和浓度信息。SMCR 采用从抽象光谱的途径来解决这个问题。对矩阵 $\boldsymbol{Y}$ 做正交分解，取两个主成分：

$$\boldsymbol{Y} = \boldsymbol{u}_1\boldsymbol{p}_1^{\mathrm{T}} + \boldsymbol{u}_2\boldsymbol{p}_2^{\mathrm{T}} = [\boldsymbol{u}_1 \ \ \boldsymbol{u}_2]\begin{bmatrix}\boldsymbol{p}_1^{\mathrm{T}} \\ \boldsymbol{p}_2^{\mathrm{T}}\end{bmatrix} \tag{4.3}$$

这里，$\boldsymbol{p}_1$ 和 $\boldsymbol{p}_2$ 相互正交。结合式（4.2）和式（4.3），可得

$$[\boldsymbol{c}_1\ \ \boldsymbol{c}_2]\begin{bmatrix}\boldsymbol{s}_1^{\mathrm{T}}\\ \boldsymbol{s}_2^{2}\end{bmatrix}=[\boldsymbol{u}_1\ \ \boldsymbol{u}_2]\begin{bmatrix}\boldsymbol{p}_1^{\mathrm{T}}\\ \boldsymbol{p}_2^{\mathrm{T}}\end{bmatrix} \tag{4.4}$$

通过矩阵运算可以得到：

$$\begin{aligned}\begin{bmatrix}\boldsymbol{s}_1^{\mathrm{T}}\\ \boldsymbol{s}_2^{\mathrm{T}}\end{bmatrix}&=\left([\boldsymbol{c}_1\ \ \boldsymbol{c}_2]^{\mathrm{T}}[\boldsymbol{c}_1\ \ \boldsymbol{c}_2]\right)^{-1}[\boldsymbol{c}_1\ \ \boldsymbol{c}_2]^{\mathrm{T}}[\boldsymbol{u}_1\ \ \boldsymbol{u}_2]\begin{bmatrix}\boldsymbol{p}_1^{\mathrm{T}}\\ \boldsymbol{p}_2^{\mathrm{T}}\end{bmatrix}\\ &=\begin{bmatrix}\eta_{11} & \eta_{12}\\ \eta_{21} & \eta_{22}\end{bmatrix}\begin{bmatrix}\boldsymbol{p}_1^{\mathrm{T}}\\ \boldsymbol{p}_2^{\mathrm{T}}\end{bmatrix}\end{aligned} \tag{4.5}$$

这里

$$\begin{bmatrix}\eta_{11} & \eta_{12}\\ \eta_{21} & \eta_{22}\end{bmatrix}=\left([\boldsymbol{c}_1\ \ \boldsymbol{c}_2]^{\mathrm{T}}[\boldsymbol{c}_1\ \ \boldsymbol{c}_2]\right)^{-1}[\boldsymbol{c}_1\ \ \boldsymbol{c}_2]^{\mathrm{T}}[\boldsymbol{u}_1\ \ \boldsymbol{u}_2] \tag{4.6}$$

尽管式（4.6）没有给出各 η 值的具体表达式，但它是矩阵运算的必然结果，对于后续的分析而言已经足够。从式（4.5）可得

$$\begin{aligned}\boldsymbol{s}_1&=\eta_{11}\boldsymbol{p}_1+\eta_{12}\boldsymbol{p}_2\\ \boldsymbol{s}_2&=\eta_{21}\boldsymbol{p}_1+\eta_{22}\boldsymbol{p}_2\end{aligned} \tag{4.7}$$

式（4.7）表明真实光谱可以表达为一组正交向量的线性加和，$\boldsymbol{p}_1$ 和 $\boldsymbol{p}_2$ 也称为抽象光谱。为了利用非负约束的条件，我们将式（4.7）写成标量形式：

$$s_{ki}=\eta_{k1}p_{1i}+\eta_{k2}p_{2i}\qquad k=1,2 \tag{4.8}$$

在采用奇异值分解的情况下，第一特征向量的元素 p_{1i} 或者全部大于零，或者全部小于零，因而不妨设 $p_{1i}\geqslant 0$。对于第二特征向量，其部分元素大于零，部分元素小于零，因而必须分两种情况进行讨论。根据 $s_{ki}\geqslant 0$，当 $p_{2i}>0$ 时，有

$$\eta_{k2}\geqslant -\frac{|p_{1i}|}{p_{2i}}\times\eta_{k1}\quad (p_{2i}>0) \tag{4.9}$$

所以，η_{k2} 也必然大于所有取值中的最大值，即

$$\eta_{k2}\geqslant -\min\frac{|p_{1i}|}{p_{2i}}\times\eta_{k1}\quad (p_{2i}>0) \tag{4.10}$$

式（4.10）确定了 η_{k2} 与 η_{k1} 之间的线性约束关系，在两维空间中是一条直线，用符号 L_1 表示，如图 4.2 所示。该约束使得 η_{k2} 取值在该直线划分的空间的上部。

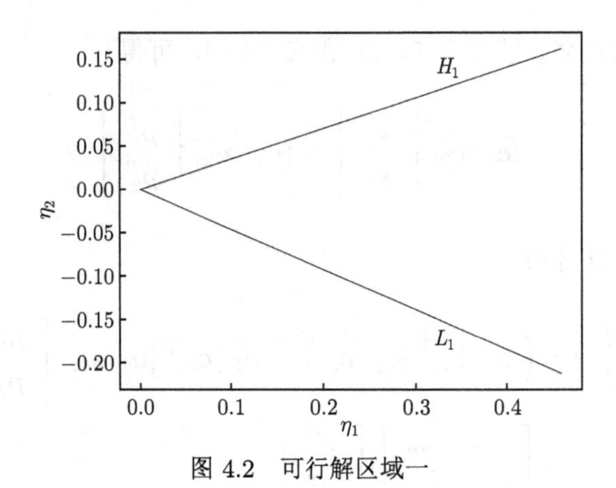

图 4.2　可行解区域一

类似地，当 $s_{ki} \geqslant 0$，而 $p_{2i} < 0$，则

$$\eta_{k2} \leqslant \left|\frac{p_{1i}}{p_{2i}}\right| \times \eta_{k1} \quad (p_{2i} < 0) \tag{4.11}$$

所以

$$\eta_{k2} \leqslant \min\left|\frac{p_{1i}}{p_{2i}}\right| \times \eta_{k1} \quad (p_{2i} < 0) \tag{4.12}$$

式（4.12）也确定了 η_{k2} 与 η_{k1} 之间的线性约束关系，在两维空间中是一条直线，用符号 H_1 表示。该约束使得 η_{k2} 取值将在该直线划分的空间的下部。直线 L_1 和 H_1 给出了一个 η_{k2} 和 η_{k1} 的可能区域。但该区域显然过大，无实用价值。为了进一步缩小取值区域，需要用到浓度非负的约束。

对比式（4.5）与式（4.4），可得

$$[\boldsymbol{c}_1 \quad \boldsymbol{c}_2]\begin{bmatrix} \eta_{11} & \eta_{12} \\ \eta_{21} & \eta_{22} \end{bmatrix}\begin{bmatrix} \boldsymbol{p}_1^{\mathrm{T}} \\ \boldsymbol{p}_2^{\mathrm{T}} \end{bmatrix} = [\boldsymbol{u}_1 \quad \boldsymbol{u}_2]\begin{bmatrix} \boldsymbol{p}_1^{\mathrm{T}} \\ \boldsymbol{p}_2^{\mathrm{T}} \end{bmatrix} \tag{4.13}$$

因而有

$$[\boldsymbol{c}_1 \quad \boldsymbol{c}_2]\begin{bmatrix} \eta_{11} & \eta_{12} \\ \eta_{21} & \eta_{22} \end{bmatrix} = [\boldsymbol{u}_1 \quad \boldsymbol{u}_2] \tag{4.14}$$

将式（4.14）用矩阵元素来表达，可得

$$[c_{j1} \quad c_{j2}]\begin{bmatrix} \eta_{11} & \eta_{12} \\ \eta_{21} & \eta_{22} \end{bmatrix} = [u_{j1} \quad u_{j2}] \qquad j = 1, 2, \cdots, m \tag{4.15}$$

由于 η 构成的矩阵是方阵，通常情况下存在逆阵。将式（4.15）重新整理得

$$[c_{j1} \quad c_{j2}] = [u_{j1} \quad u_{j2}]\begin{bmatrix} \eta_{11} & \eta_{12} \\ \eta_{21} & \eta_{22} \end{bmatrix}^{-1}$$

$$
\begin{aligned}
&= \frac{1}{\eta_{11}\eta_{22}-\eta_{12}\eta_{21}} [u_{j1} \quad u_{j2}] \begin{bmatrix} \eta_{22} & -\eta_{12} \\ -\eta_{21} & \eta_{11} \end{bmatrix} \\
&= \frac{1}{\eta_{11}\eta_{22}-\eta_{12}\eta_{21}} [(u_{j1}\eta_{22}-u_{j2}\eta_{21}) \quad (u_{j2}\eta_{11}-u_{j1}\eta_{12})]
\end{aligned} \tag{4.16}
$$

由于 $c_{j\cdot} \geqslant 0$，当 $\eta_{11}\eta_{22}-\eta_{12}\eta_{21}<0$ 时，从式（4.16）可得

$$
\begin{aligned}
&u_{j1}\eta_{22}-u_{j2}\eta_{21} \leqslant 0 \\
&u_{j2}\eta_{11}-u_{j1}\eta_{12} \leqslant 0
\end{aligned} \tag{4.17}
$$

从式（4.17）解得

$$\eta_{12} \geqslant \max \frac{u_{j2}}{u_{j1}} \eta_{11} \tag{4.18}$$

$$\eta_{22} \leqslant \min \frac{u_{j2}}{u_{j1}} \eta_{21} \tag{4.19}$$

式（4.18）定义了直线 H_2，而式（4.19）定义了直线 L_2。直线 H_1 与 H_2，L_1 与 L_2 分别构成了 η_{k2} 和 η_{k1} 的取值空间。如图 4.3 的阴影部分所示。

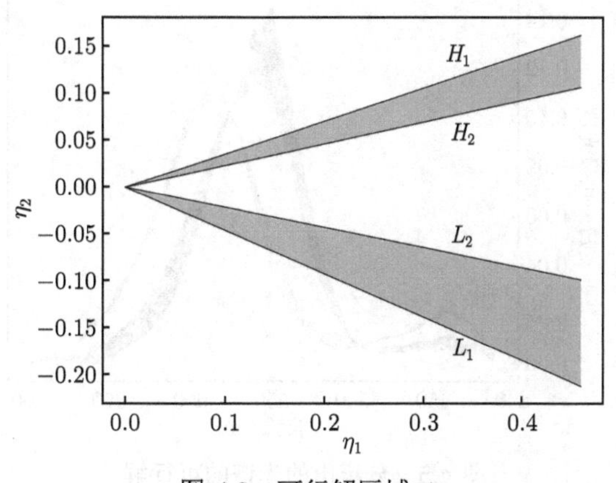

图 4.3　可行解区域二

然而，由此确定的可行解区域依然太大而无法实施具体的操作。为了进一步缩小可行解区域，可以对光谱做归一化操作。从式（4.7）可得

$$\sum_{i=1}^{n} s_{ki} = \eta_{k1} \sum_{i=1}^{n} p_{1i} + \eta_{k2} \sum_{i=1}^{n} p_{2i} \qquad k=1,2 \tag{4.20}$$

如果设置 $\sum_{i=1}^{n} s_{ki} = 1$，则可以得到另外一个方程：

$$a\eta_{k1} + b\eta_{k2} = 1 \qquad k=1,2 \tag{4.21}$$

式中，$a=\sum_{i=1}^{n} p_{1i}$；$b=\sum_{i=1}^{n} p_{2i}$。

式（4.21）对应的直线与图 4.3 所示的区域相交，得到如图 4.4 所示的直线区域，最终使得可行解的区域缩小到可具体操作的层面。在区域线段上取点，可得到各 η 值，最终通过式（4.5）计算出光谱的可行解，如图 4.5 所示。

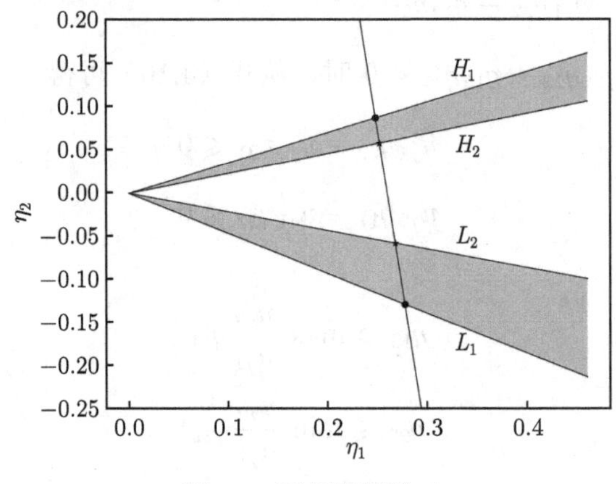

图 4.4　可行解区域三

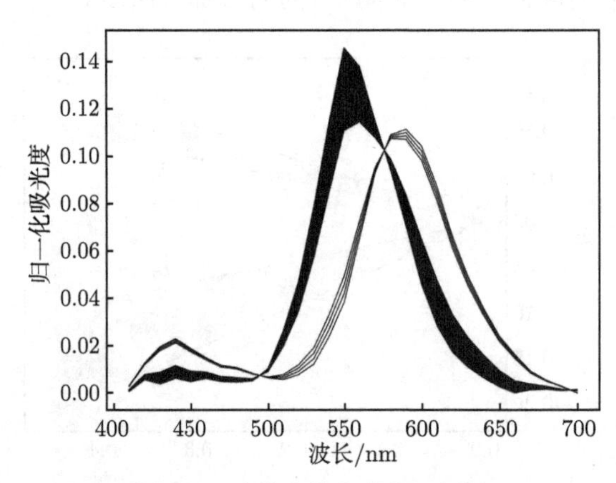

图 4.5　分辨出的光谱的可行解

自模式曲线分辨算法的程序如下：

程序示例 4.1　smcr.m

```
## Copyright (C) Feng Gan <cesgf@mail.sysu.edu.cn;sysucesgf@163.com>
## This program is free software; you can redistribute it and/or modify it under
## the terms of the GNU General Public License as published by the Free Software
## Foundation; either version 3 of the License, or (at youRatio option) any later
## version.
##
## This program is distributed in the hope that it will be useful, but WITHOUT
## ANY WARRANTY; without even the implied warranty of MERCHANTABILITY or
## FITNESS FOR A PARTICULAR PuRatioPOSE. See the GNU General Public License for more
## details.
##
```

```
12  ## You should have received a copy of the GNU General Public License along with
13  ## this program; if not, see <http://www.gnu.org/licenses/>.
14  ##
15
16  ## -*- texinfo -*-
17  ## @deftypefn {Function File} {[@var{s1}, @var{s2}, @var{prl}, @var{isp}, @var{p}] =}
        smcr (@var{X})
18  ## Self-modeling curve resolution for only two component system.
19  ## with the model @code{X = CS}.
20  ##
21  ## @itemize
22  ## @item
23  ## @code{X} is a spectral matrix whose each row is a spectrum.
24  ## @end itemize
25  ##
26  ## RetuRation values
27  ##
28  ## @itemize
29  ## @item
30  ## @code{s1} is a spectral matrix of the first component.
31  ## @item
32  ## @code{s2} is a spectral matrix of the first component.
33  ## @item
34  ## @code{prl} is a matrix that contains the potential regions.
35  ## @item
36  ## @code{isp} is a matrix that contains the intersection points.
37  ## @item
38  ## @code{p} is a vector that contains coefficients.
39  ## @end itemize
40  ## @end deftypefn
41  ##
42  ## References:
43  ## - W.E. Lawton, E.A. Sylvester, Self-modeling curve resolution, Technometrics. 13
        (1971) 617 - 633.
44  ## - 梁逸曾, 俞汝勤, 化学计量学, 高等教育出版社: 北京, 2003
45  ##
46  ## Lastest Revision: 2015-07-21
47  ## Create date:      1999-01-16
48
49  function [s1,s2,prl,isp,p] = smcr(X)
50
51    s1 = [];
52    s2 = [];
53    [mRows,nCols] = size(X);
54    for i = 1:mRows
55      X(i,:) = X(i,:)/sum(X(i,:));
56    endfor
57    [U,S,V] = svd(X);
58    if max(V(:,1)) < 0
59      U = -1.0 .* U;
60      V = -1.0 .* V;
61    endif
62    U = U * S;
```

```
63   maxU1 = max(U(:,1));
64   vRatio = V(:,1) ./ V(:,2);
65   uRatio = U(:,2) ./ U(:,1);
66   [mvr,nvr] = size(vRatio);
67   vrz = [];
68   vrf = [];
69   for i = 1:mvr
70     if V(i,2) > 0
71       vrz = [vrz;vRatio(i)];
72     else
73       vrf = [vrf;vRatio(i)];
74     endif
75   endfor
76
77   slop_L1 = - min(vrz);
78   slop_H1 = min(abs(vrf));
79   slop_L2 = min(uRatio);
80   slop_H2 = max(uRatio);
81
82   t1 = 0.0:0.01:(maxU1 + 0.2);
83   L1 = slop_L1 * t1;
84   H1 = slop_H1 * t1;
85   L2 = slop_L2 * t1;
86   H2 = slop_H2 * t1;
87   prl = [t1; L1; H1; L2; H2];
88
89   b = sum(V(:,1));
90   a = sum(V(:,2));
91   p = [a b];
92   [L1zb] = fc(slop_L1,a,b);
93   [H1zb] = fc(slop_H1, a, b);
94   [L2zb] = fc(slop_L2,a,b);
95   [H2zb] = fc(slop_H2, a, b);
96   isp = [L1zb;H1zb;L2zb;H2zb];
97
98   bp = 0.0;
99   ep = 0.0;
100  if H1zb(1) < H2zb(1)
101    bp = H1zb(1);
102    ep = H2zb(1);
103  else
104    bp = H2zb(1);
105    ep = H1zb(1);
106  endif
107  for i = bp:0.001:ep
108    t2 = (1 - b * i) / a;
109    s1tmp = i * V(:,1) + t2 * V(:,2);
110    s1 = [s1 s1tmp];
111  endfor
112  if L1zb(1) < L2zb(1)
113    bp = L1zb(1);
114    ep = L2zb(1);
115  else
```

```
116        bp = L2zb(1);
117        ep = L1zb(1);
118      endif
119      bc = 0.0;
120      if (a/b) < 0
121        p1 = ep;
122        p2 = bp;
123        bc = -0.0001;
124      else
125        p1 = bp;
126        p2 = ep;
127        bc = 0.0001;
128      endif
129      for i = p1:bc:p2
130        t2 = (1 - b * i) / a;
131        s2tmp = i * V(:,1) + t2 * V(:,2);
132        s2 = [s2 s2tmp];
133      endfor
134
135    endfunction
136
137    function [zb] = fc(k, a, b)
138      x = 1/(a * k + b);
139      y = k/(a * k + b);
140      zb=[x y];
141    endfunction
142
143    %!demo
144    %! load ./Data/smcrm.mat
145    %! [s1,s2,prl,isp,p] = smcr(X);
146    %! plot(s1)
147    %! hold on
148    %! plot(s2)
```

程序的第 58 ~ 61 行是为了使得第一得分向量和载荷向量均为正值，这样才能确保后续的运算都是正确的。第 137 ~ 141 行是自编的解方程的子程序。

4.2　直观推导式演进特征投影法

直观推导式演进特征投影法（heuristic evolving latent projections，HELP）是由梁逸曾和 Kvalheim 等于 1992 年提出的用于二维联用色谱重叠峰分辨的一种方法。与以往的方法不同，HELP 方法实现了唯一分辨而非可行解域。从这个意义上说，HELP 方法是二维联用色谱分辨领域的一个里程碑。

4.2.1　二维联用色谱体系的特点

二维联用色谱是将普通的色谱技术与光谱技术相结合而产生的一种新的分析技术，目前常用的二维联用色谱技术有 HPLC-DAD（液相色谱与二极管阵列联用）、GC-MS（气相色谱与质谱联用）等。以 HPLC-DAD 为例，其技术特点是在色谱分离过程中测量体系的紫外-可见光谱，因而 HPLC-DAD 产生的测量数据是每个保留时间点的紫外-可见光谱汇集起来的矩阵。图 4.6 为一个实际体系的 HPLC-DAD 数据的三维视图。

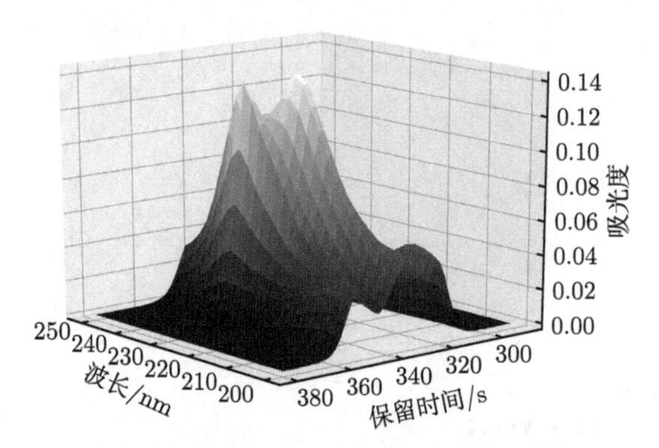

图 4.6　HPLC-DAD 测量数据的三维视图

对于这个实际体系，如果从传统的色谱分析的视角来看的话，通常只关注某个波长点的色谱信息。图 4.7 为某个波长处的色谱图，这个图表明该体系存在严重的色谱峰重叠情况，是传统的高斯峰拟合方法难以解决的。HELP 方法通过挖掘联用色谱体系的规律，很好地解决了这类问题。

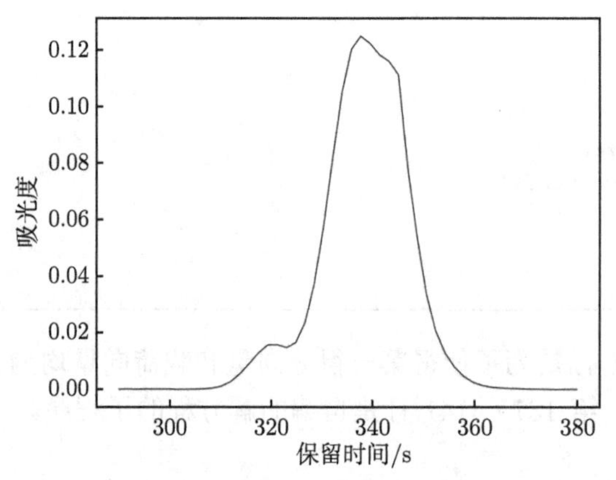

图 4.7　某个波长处的色谱图

一般而言，二维联用色谱数据有如下的特点：

（1）二维联用色谱数据同时包含了波谱信息和色谱信息。根据不同的联用技术，波谱信息可以是紫外可见光谱、质谱、红外谱等。这些波谱信息提供了体系组分的定性方面的信息。另外，色谱信息则提供了组分含量的信息。

（2）色谱技术本身具有将一个复杂体系分解成多个简单的子体系的能力。在色谱分离过程中，不同的组分依照其在色谱柱上的保留能力而依次流出，每个组分将在保留时间方向上的某个区域内、且仅在该区域内出现。

（3）某个组分出现的区域内该组分的浓度不为零，因而也称为该组分的非零浓度区域。与此相反，组分不存在的区域称为该组分的零浓度区域。如果某个区域内仅有某个组分出现，则称这个区域为该组分的纯组分区域。纯组分区域概念的建立是 HELP 法的重要贡献，也是实现唯一解的关键。

为了更好地解释 HELP 方法中用到的几个关键概念，我们用一个模拟数据来展示具体的区域。图 4.8 中左侧的阴影部分表示第一个组分的零浓度区域，在此区域中第一个组分还未出现；中间的阴影部分是纯组分区，在这个区域中只有第一个组分存在，第二个组分尚未流出；第三个阴影部分也表示第一个组分的零浓度区域，在此区域中第一个组分已经完全流出。

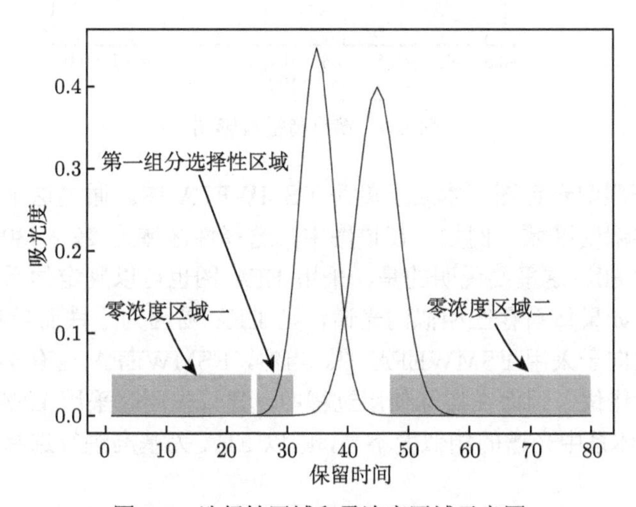

图 4.8　选择性区域和零浓度区域示意图

4.2.2　选择性区域和零浓度区域的确定

如何确定选择性区域和零浓度区域是实现 HELP 方法的关键，其中又以选择性区域的确定最为关键，它直接关系到能否得到唯一解。HELP 法采用演进特征投影图和特征跟踪示意图来确定这些区域。

所谓演进特征投影图实质上就是主成分投影图，当这个图用于描述联用色谱体系时，可以得到组分分离过程中的演进特征。图 4.9 所示为图 4.8 所示的两组分体系的演进特征投影，它从坐标的原点处开始，沿着下侧的直线演进，然后再从上侧的直线回到原点处。在此我们对图 4.9 做一些解释：

（1）圆圈标记的直线部分是与第一组分及其前端的背景区域相对应的。在第一个组分流出前，体系中只有背景信号，此时 PC1 和 PC2 的取值都比较小，因而在原点附近。

（2）当第一个组分出现时，第一特征值将显著大于背景的特征值，这使得 PC1 对 PC2 的投影点开始偏离原点。随着第一组分的出现逐渐增多，投影点也将更加偏离原点。由于此时只有一个组分，它的空间坐标投影将沿着同一直线方向。

（3）图中的曲线部分表示第一组分和第二组分的重叠区域。两个组分的光谱不同，导致了它们在空间的取向不同，第二组分的出现改变了第一组分的演进方向。

（4）图中上方的直线表示第二组分的纯组分演进方向，随着该组分完全流出，体系背景信号逐渐占优，最终使得投影图回到原点。

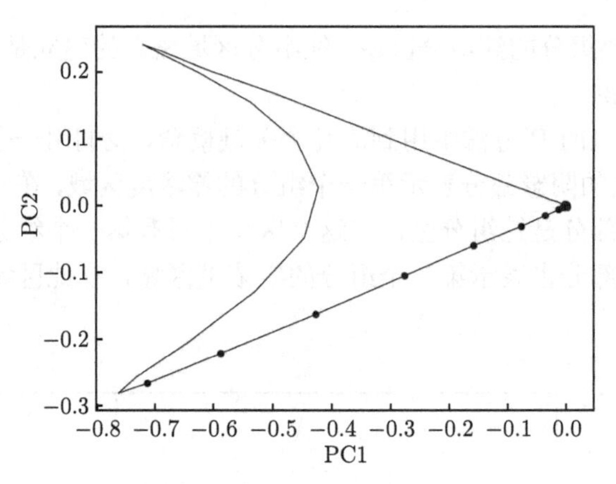

图 4.9　演进特征投影图

图 4.10 为特征跟踪示意图，本质上就是 FSMWEFA 图。通过这个图也可以判定组分的选择性区域和零浓度区域。例如，在该图中，选择性区域为 22 ~ 30，而零浓度区分别为 1 ~ 20 和 45 ~ 80。这里要说明的是，采用 EFA 图也可以判定体系的选择性区域和零浓度区域。但是，如果体系存在相似的光谱，则 EFA 易因为亏秩而导致判断失误。因而，HELP 方法中更倾向于采用 FSMWEFA 图。当然，FSMWEFA 也有不足，它划定的区域会产生一定程度的错位。因而在实际使用过程中，建议先同时采用 EFA 图和 FSMWEFA 图进行分析，如果体系中光谱的相似度不高，则以 EFA 为基准进行选择性区域和零浓度区域的确定。

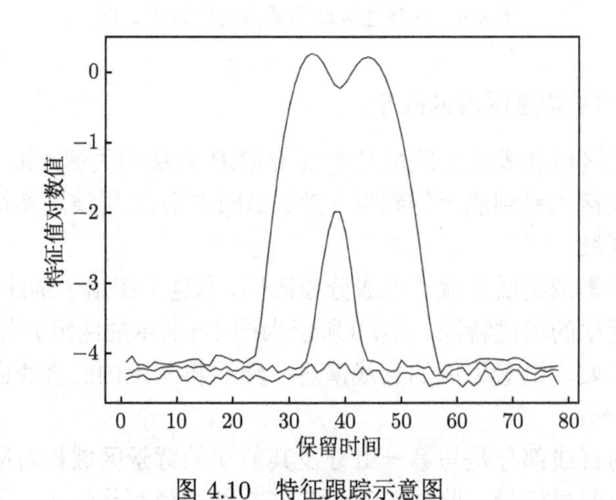

图 4.10　特征跟踪示意图

4.2.3　HELP 分辨算法

二维联用色谱数据可以表达为

$$\boldsymbol{X}_{m\times n} = \boldsymbol{C}_{m\times p}\boldsymbol{S}_{p\times n} \tag{4.22}$$

对于一个实际体系而言，通常不能事先知道其所包含的组分，因而也无法直接从 $\boldsymbol{X}$ 得到 $\boldsymbol{C}$ 和 $\boldsymbol{S}$ 的真实解。但是，我们依然可以对 $\boldsymbol{X}$ 做分解得到抽象浓度 $\boldsymbol{U}$ 和抽象光谱矩阵

$\boldsymbol{P}$，如下（为讨论便利，忽略下标，其他公式同样）：

$$\boldsymbol{X} = \boldsymbol{U}\boldsymbol{P}^{\mathrm{T}} \tag{4.23}$$

式中，$\boldsymbol{U}$ 和 $\boldsymbol{P}$ 都是列正交的矩阵。

式（4.22）和式（4.23）实际上是对同一测量矩阵的不同的表述，因而本质上是相同的，即

$$\boldsymbol{C}\boldsymbol{S} = \boldsymbol{U}\boldsymbol{P}^{\mathrm{T}} \tag{4.24}$$

虽然 $\boldsymbol{U}$ 和 $\boldsymbol{P}$ 与真实的浓度矩阵和光谱矩阵不同，但它们之间存在必然的联系。从线性代数理论知道，通过矩阵旋转可以改变一个矩阵的空间取向，因而可以通过引入一个矩阵 $\boldsymbol{R}$ 使抽象解变换到真实解，如下：

$$\boldsymbol{C}\boldsymbol{S} = \boldsymbol{U}\boldsymbol{R}\boldsymbol{R}^{-1}\boldsymbol{P}^{\mathrm{T}} \tag{4.25}$$

对照方程的两边，可得

$$\boldsymbol{C} = \boldsymbol{U}\boldsymbol{R} \tag{4.26}$$

式（4.26）可以进一步用矩阵的列来表达：

$$\boldsymbol{c}_i = \boldsymbol{U}\boldsymbol{r}_i \tag{4.27}$$

式中，$\boldsymbol{c}_i$ 和 $\boldsymbol{r}_i$ 分别是 $\boldsymbol{C}$ 和 $\boldsymbol{R}$ 的第 i 列。鉴于色谱体系中组分的演进特征，通常会存在某个组分有纯组分区域，因而可以对该组分的浓度向量划分出三个区域，并将式（4.27）重新表述如下：

$$\begin{bmatrix} \boldsymbol{0} \\ \tilde{\boldsymbol{c}}_i \\ \boldsymbol{0} \end{bmatrix} = \begin{bmatrix} \boldsymbol{U}_b \\ \tilde{\boldsymbol{U}}_i \\ \boldsymbol{U}_e \end{bmatrix} \boldsymbol{r}_i \tag{4.28}$$

式中，$\tilde{\boldsymbol{c}}_i$ 是与第 i 组分的纯组分区域对应的浓度曲线；$\tilde{\boldsymbol{U}}_i$ 是 $\boldsymbol{U}$ 与该组分的纯组分区域对应的子矩阵；$\boldsymbol{U}_b$ 和 $\boldsymbol{U}_e$ 是与该组分的零浓度区对应的子矩阵。图 4.11 为式（4.28）的图示表达，我们只需要将阴影部分对应的子矩阵取出来并拼接起来就构成了式（4.28）。

设该组分的纯组分区域对应的子矩阵为 $\boldsymbol{X}_i$，则对该矩阵做奇异值分解，得

$$\boldsymbol{X}_i = \boldsymbol{G}\boldsymbol{\Lambda}\boldsymbol{V}^{\mathrm{T}} \tag{4.29}$$

则

$$\tilde{\boldsymbol{c}}_i = \lambda_1 \boldsymbol{g}_1 \tag{4.30}$$

式中，λ_1 是第一个特征值；$\boldsymbol{g}_1$ 是第一得分向量。

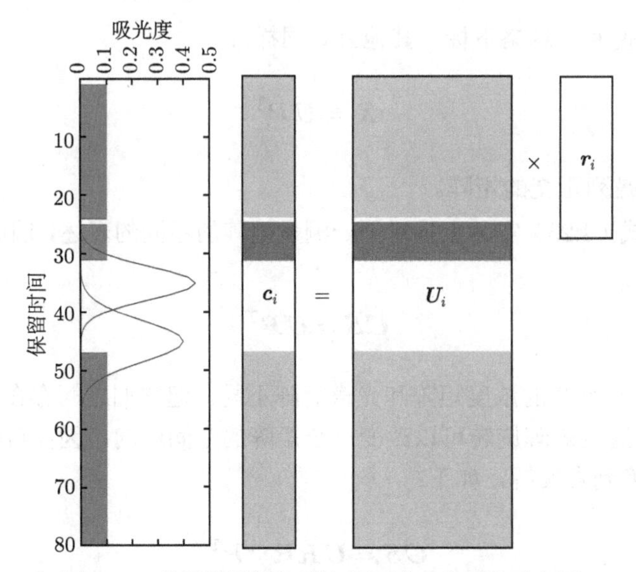

图 4.11　纯组分区域与零浓度区域对应矩阵示意图

据此，式（4.28）中仅有未知向量 $\boldsymbol{r}_i$，且可以通过最小二乘法求得

$$\boldsymbol{r}_i = \left(\begin{bmatrix} \boldsymbol{U}_b \\ \tilde{\boldsymbol{U}}_i \\ \boldsymbol{U}_e \end{bmatrix}^{\mathrm{T}} \begin{bmatrix} \boldsymbol{U}_b \\ \tilde{\boldsymbol{U}}_i \\ \boldsymbol{U}_e \end{bmatrix} \right)^{-1} \begin{bmatrix} \boldsymbol{U}_b \\ \tilde{\boldsymbol{U}}_i \\ \boldsymbol{U}_e \end{bmatrix}^{\mathrm{T}} \begin{bmatrix} \boldsymbol{0} \\ \tilde{\boldsymbol{c}}_i \\ \boldsymbol{0} \end{bmatrix} \tag{4.31}$$

将式（4.31）中的 $\boldsymbol{r}_i$ 代入式（4.27），就可解得 $\boldsymbol{c}_i$。另外，从方程（4.29）中的 $\boldsymbol{V}$ 可以得到该组分的光谱向量 $\boldsymbol{s}_i$，即

$$\boldsymbol{s}_i = \boldsymbol{v}_1 \tag{4.32}$$

式中，$\boldsymbol{v}_1$ 是 $\boldsymbol{V}$ 的第一载荷向量。

至此，HELP 方法成功地采用纯数学运算的方法得到了组分 i 的色谱信息和光谱信息。只要体系中存在有选择性信息的组分，我们都可以采用上述的方式得到该组分的全部信息。另外，HELP 方法可以通过组分剥离的方式来简化复杂体系。所谓组分剥离即从原始测量矩阵减去已经分辨出的组分的信息矩阵，如下：

$$\boldsymbol{X}_i = \boldsymbol{X} - \boldsymbol{c}_i\boldsymbol{s}_i^{\mathrm{T}} \tag{4.33}$$

式中，$\boldsymbol{X}_i$ 称为残差矩阵，当该矩阵中还包含有真实组分时，可继续进行分辨。

基于 HELP 的算法，可以写出其 Octave 程序如下：

程序示例 4.2　helps.m

```
1  ## Copyright (C) 2015, Feng Gan <cesgf@mail.sysu.edu.cn;sysucesgf@163.com>
2  ## This program is free software; you can redistribute it and/or modify it under
3  ## the terms of the GNU General Public License as published by the Free Software
```

```
4   ## Foundation; either version 3 of the License, or (at your option) any later
5   ## version.
6   ##
7   ## This program is distributed in the hope that it will be useful, but WITHOUT
8   ## ANY WARRANTY; without even the implied warranty of MERCHANTABILITY or
9   ## FITNESS FOR A PARTICULAR PURPOSE. See the GNU General Public License for more
10  ## details.
11  ##
12  ## You should have received a copy of the GNU General Public License along with
13  ## this program; if not, see <http://www.gnu.org/licenses/>.
14  ##
15
16  ## -*- teselectXnfo -*-
17  ## @deftypefn {Function File} {[@var{C}, @var{S}, @var{Residuals}] =} helps (@var{X},
        @var{nPrinComp}, @var{selectInfor})
18  ## Heuristic evolving latent projections
19  ## with the model @code{X = CS}.
20  ##
21  ## @itemize
22  ## @item
23  ## @code{X}           --- a two way array whose each row is a spectrum.
24  ## @item
25  ## @code{nPrinComp}   --- the number of components.
26  ## @item
27  ## @code{selectInfor} --- a matrix containing selective regions and zero concentration
        regions.
28  ## @end itemize
29  ##
30  ## Return values
31  ##
32  ## @itemize
33  ## @item
34  ## @code{C}           --- the concentration matrix.
35  ## @item
36  ## @code{S}           --- the spectral matrix.
37  ## @item
38  ## @code{Residuals} --- the residual matrix.
39  ## @end itemize
40  ## @end deftypefn
41  ##
42  ## References:
43  ##
44  #[1] O.M. Kvalheim, Y.Z. Liang, Heuristic evolving latent projections: resolving two-way
        multicomponent data. 1. Selectivity, latent-projective graph,datascope, local rank,
        and unique resolution, Anal. Chem. 64 (1992) 936
45  #
46  #[2] Y.Z. Liang, O.M. Kvalheim, H.R. Keller, D.L. Massart, P. Kiechle, F. Erni, et al.,
        Heuristic evolving latent projections: resolving two-way multicomponent data. 2.
        Detection and resolution of minor constituents, Anal. Chem. 64 (1992) 946
47  ##
48  ## Author:  Feng Gan
49  ## Latest revision: 2015-10-17
50  ## Create:          1999-01-20
```

```
51
52  function [C, S, Residuals] = helps(X, nPrinComp, selectInfor)
53
54    if (nargin < 3)
55      error('Please see demo.');
56    endif
57
58    C = [];
59    S = [];
60    Residuals = [];
61
62    mRowsSelectComp = size(selectInfor,1);
63
64    for i = 1:mRowsSelectComp
65
66      [U,L,V] = svd(X);
67      U = U(:,1:nPrinComp) * L(1:nPrinComp,1:nPrinComp);
68
69      range1 = selectInfor(i,1):selectInfor(i,2);
70      range2 = selectInfor(i,3):selectInfor(i,4);
71      range3 = selectInfor(i,5):selectInfor(i,6);
72
73      selectX = X(range2,:);
74      [selectU,selectS,selectV] = svd(selectX);
75      selectU = selectU * selectS;
76      Si = selectV(:,1);
77      Ci = selectU(:,1);
78
79      [v,locat] = max(abs(Ci));
80      if (Ci(locat) < 0)
81        Ci = -1.0 * Ci;
82        Si = -1.0 * Si;
83      end
84
85      Ci = [zeros(size(range1'));Ci;zeros(size(range3'))];
86      Ui = [U(range1',:);U(range2',:);U(range3',:)];
87      Ri = inv(Ui' * Ui) * Ui' * Ci;
88      Ci = U * Ri;
89      C(:,i) = Ci;
90      S(:,i) = Si;
91      X = X - Ci * Si';
92      nPrinComp = nPrinComp - 1;
93
94    endfor
95
96    Residuals = X;
97
98  endfunction
99
100 %!demo
101 %! load ./Data/masartdata.mat
102 %! nPrinComp = 5;
103 %! selectInfor = [1, 10, 11, 16, 22, 50;
```

```
104 %!                  1, 30, 36, 43, 44, 50;
105 %!                  1, 23, 32, 35, 36, 50;
106 %!                  1, 19, 29, 32, 33, 50];
107 %! [C, S, Res] = helps(X, nPrinComp, selectInfor);
108 %! figure(1),clf('reset')
109 %! plot(C)
110 %! figure(2),clf('reset')
111 %! plot(S)
112 %! figure(3),clf('reset')
113 %! plot(Res)
```

4.2.4　应用举例

在程序示例 4.2 中，已经提供了来源于农药的 HPLC-DAD 数据的分辨参数和步骤，原数据如图 4.6 所示。为了确定其中组分的选择性区域和零浓度区域，我们首先绘制其 EFA 图，如图 4.12 所示。

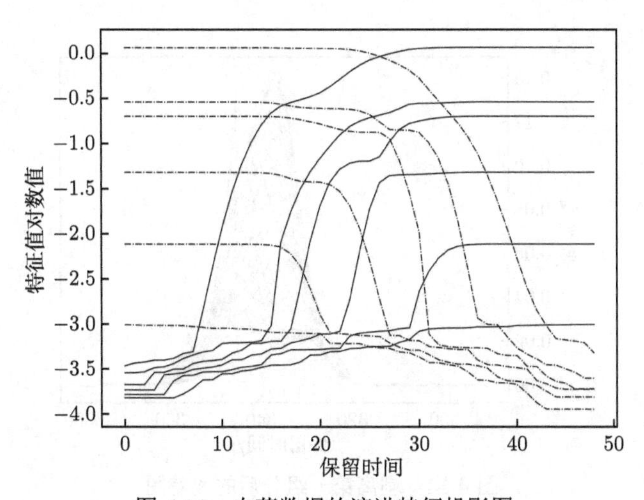

图 4.12　农药数据的演进特征投影图

图 4.12 中的实线是正向 EFA 图，虚线是反向 EFA 图。从显著大于基线的特征值的变化情况看，该体系有 5 个组分。对于第一个组分，应结合最左侧第一条实线与最左侧第一条虚线来判定其区域，从图中可以得到第一组分的零浓度区域为 $1\sim8$ 和 $23\sim50$，其选择性区域为 $9\sim16$。

基于上述的分析，对第一个组分的分辨过程如下：

```
octave:1>load ./Data/masartdata.mat
octave:2>selInfo = [1 8 9 16 23 50];
octave:3>pcn = 5;
octave:4>[C, S, Res] = helps(X, pcn, selInfo);
```

第一组分的分辨结果示于图 4.13，残差示于图 4.14。

通过仔细分析图 4.12，可以得到其他组分的选择性区域和零浓度区域，在此不做进一步讨论。有兴趣的读者可以找一套数据自行学习分辨。

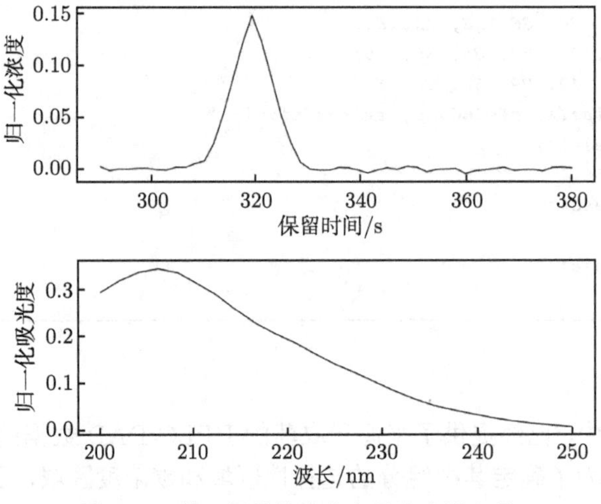

图 4.13　第一组分的浓度向量和光谱向量

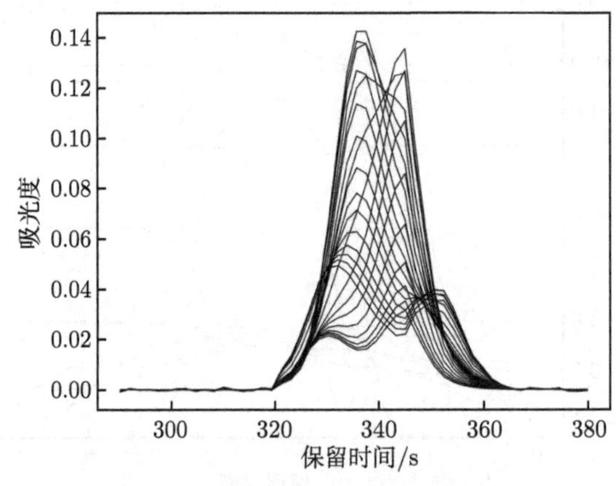

图 4.14　剥离第一组分后的残差图

4.3　迭代关键集选择法

迭代关键集选择法（stepwise key spectra selections，SKSS）是由作者等在 2001 年提出的一种联用色谱数据的自动分辨方法。该法从色谱体系的关键光谱集出发，通过比较关键光谱之间的相似度来实现体系组分数的自动确定。同时，通过重选关键光谱集，实现色谱体系的自动分辨。与其他方法相比，SKSS 在色谱体系组分的自动确定及分辨进程的自动化方面均达到可实用化的程度。

4.3.1　组分数的自动确定

色谱体系组分数的确定历来是实际体系分辨过程的难点问题之一，常用的很多方法通常是对数据矩阵的特征值进行分析，从而判定体系的组分数。然而，基于这种理论的方法往往必须人为设定判定标准并介入实际的判定过程中，因而无法实现自动化。

作者在研究过程中发现，采用关键光谱集技术可实现联用色谱体系组分数的自动判定。所谓关键光谱集是指从测量光谱集中挑选出的，可以最大程度接近组分的真实光谱集的一组光谱。构建关键光谱集的方法很多，其中较为简便易行的是 Sanchez 等提出的方法，本质上也属于投影算法的范畴。

对于一个二维联用色谱数据矩阵 $\boldsymbol{X}$，如果从中任意抽取两行构成矩阵 $\boldsymbol{Y}$，则可得到如下的方程：

$$\boldsymbol{Y} = \begin{bmatrix} \boldsymbol{X}_{i\cdot} \\ \boldsymbol{X}_{j\cdot} \end{bmatrix} \tag{4.34}$$

式中，$\boldsymbol{X}_{i\cdot}$ 和 $\boldsymbol{X}_{j\cdot}$ 分别表示矩阵 $\boldsymbol{X}$ 的第 i 行和 j 行。如果将矩阵 $\boldsymbol{Y}$ 乘以其转置并求行列式值，则

$$d_{ij} = \det\left(\boldsymbol{Y}\boldsymbol{Y}^{\mathrm{T}}\right) = \left(||\boldsymbol{X}_{i\cdot}|| \cdot ||\boldsymbol{X}_{j\cdot}|| \sin\alpha\right)^2 \tag{4.35}$$

式中，α 是 $\boldsymbol{X}_{i\cdot}$ 和 $\boldsymbol{X}_{j\cdot}$ 之间的夹角。这两个光谱向量差异性越大，则它们之间的夹角越大，因而 d_{ij} 也越大。并且，d_{ij} 是由 $\boldsymbol{X}_{i\cdot}$ 和 $\boldsymbol{X}_{j\cdot}$ 张成的平面的面积平方值。

上述的原理提供了构建关键光谱集的数学基础。从数学上看，矩阵 $\boldsymbol{X}$ 是由光谱矩阵 $\boldsymbol{S}$ 的线性加和构成的，并且其任何一行 $\boldsymbol{X}_{i\cdot}$ 均处在 $\boldsymbol{S}$ 的列向量张成的空间之中。因而，构建关键光谱集的方法之一就是从 $\boldsymbol{X}$ 中得到一组光谱，使得相互之间张成尽可能大的夹角。下列的代码提供了一种构建关键光谱集的方法。

```
1  det_i = [];
2  all_det_i = [];
3  init_spectrum = mean(X);
4  for j = 1:points
5      for i = 1:m
6          Y = [init_spectrum; X(i,:)];
7          Z = Y*Y';
8          det_i = [det_i; det(Z)];
9      end
10     [maxdetval,maxdetlocat] = max(det_i);
11     all_det_i = [all_det_i det_i/norm(det_i)];
12     S = [S; X(maxdetlocat,:)];
13     init_spectrum = S;
14     det_i = [];
15 end
```

说明：

（1）第 3 行，计算初始的平均光谱，用于寻找第一个关键光谱。

（2）第 5～ 第 9 行，构建光谱集矩阵并计算相关的量。这里，det_i 是由一系列的行列式值构成的向量。

（3）第 10 行，寻找与前一光谱集具有最大差异的光谱的位置，从而找到可能的关键光谱。

（4）第 11 行，将光谱集行列式值向量汇集起来，这一步是后续自动判定组分数的关键步骤之一。

图 4.15 为将第 11 行代码的计算结果绘制得到的光谱集行列式值向量图。为了节省篇幅，我们把前 5 个向量汇集在图 4.15(a) 中，从图中可以看到，它们之间具有较大的差异。而图 4.15(b)~(d) 的差异性不如前面的明显，具有一定程度的相似性。

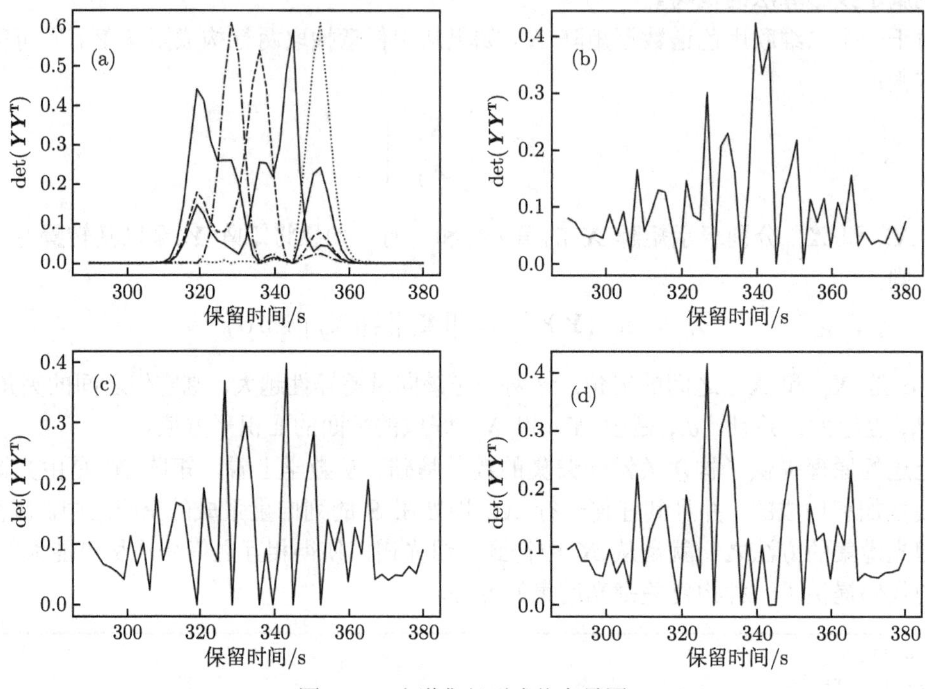

图 4.15 光谱集行列式值向量图

基于图 4.15 的结果，我们计算图中向量的相似度，并对其求导，得到了非常有意义的结果。这部分工作的代码如下：

```
1  coef = [];
2  for i = 1:points-1
3      coef = [coef; all_det_i(:,i)' * all_det_i(:,i+1)];
4  end
5  difcoef = [];
6  for i = 1:points-2
7      difcoef = [difcoef (coef(i+1)-coef(i))];
8  end
```

说明：

（1）第 3 行，计算行列式值向量之间的相似度，并汇集到变量 coef 中。

（2）第 7 行，计算这些相似度值之间的差分值（即求导）。

图 4.16 和图 4.17 为自动判定色谱体系组分数的原理示意图。图 4.16 为图 4.15 中的行列式值向量的相似度，可以清楚看到后续的行列式值构成的向量之间确实非常相似。对图 4.16 求差分，得到图 4.17，其中有一个极大值。这个极大值是相似性和差异性的一个分界点，恰好指示了体系真实的组分数。由此，通过关键光谱集的一般构建方法，并基于其中光谱之间的相似性，建立了体系组分数的自动判定方法。

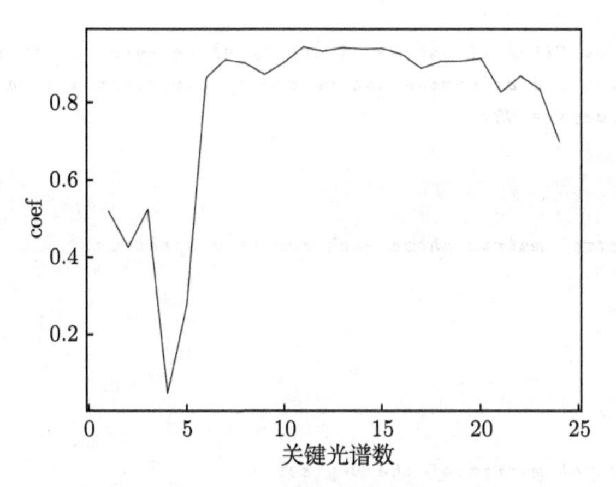

图 4.16　行列式值向量的相似度曲线

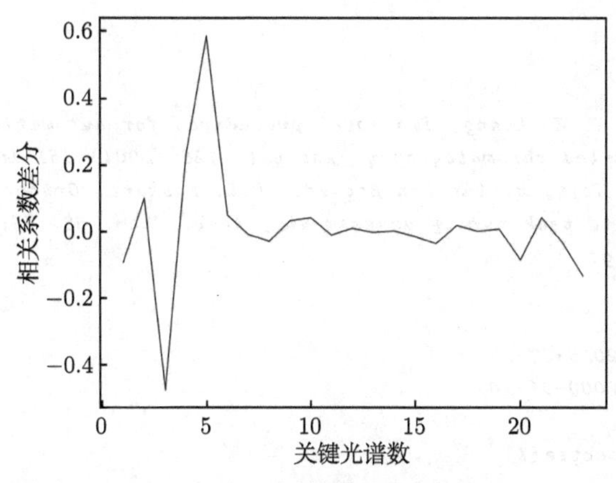

图 4.17　相似度曲线的差分图

完整的求关键光谱集的程序清单如下：

程序示例 4.3　keyspectra.m

```
1  ## Copyright (C) 2015, Feng Gan <cesgf@mail.sysu.edu.cn; sysucesgf@163.com>
2  ## This program is free software; you can redistribute it and/or modify it under
3  ## the terms of the GNU General Public License as published by the Free Software
4  ## Foundation; either version 3 of the License, or (at your option) any later
5  ## version.
6  ##
7  ## This program is distributed in the hope that it will be useful, but WITHOUT
8  ## ANY WARRANTY; without even the implied warranty of MERCHANTABILITY or
9  ## FITNESS FOR A PARTICULAR PURPOSE. See the GNU General Public License for more
10 ## details.
11 ##
12 ## You should have received a copy of the GNU General Public License along with
13 ## this program; if not, see <http://www.gnu.org/licenses/>.
14 ##
15
16 ## -*- texinfo -*-
```

```
17  ## @deftypefn {Function File} {[@var{S}, @var{t}] =} keyspectra (@var{X})
18  ## Generate key spectra and determine the number of component automatically
19  ## with the model @code{X = CS}.
20  ##
21  ## @itemize
22  ## @item
23  ## @code{X} is a spectral matrix whose each row is a spectrum.
24  ## @end itemize
25  ##
26  ## Return values
27  ##
28  ## @itemize
29  ## @item
30  ## @code{S} is a spectral matrix of the key set.
31  ## @item
32  ## @code{t} is the retention time of the key set.
33  ## @end itemize
34  ## @end deftypefn
35  ##
36  ## References:
37  ## - F. Gan, Q.S. Xu, Y. Z. Liang, Two novel procedures for automatic resolution of two-
        way data from coupled chromatography, Analyst. 126 (2001) 161-168.
38  ## - F.C. Sanchez, J. Toft, B. Van Den Bogaert, D.L. Massart, Orthogonal projection
        approach applied to peak purity assessment., Anal. Chem. 68 (1996) 79-85. doi
        :10.1021/ac950496g.
39  ##
40  ## Author: Gan,F.
41  ## Lastest Revision: 2015-07-27
42  ## Create date:      2000-01-16
43
44  function [S,t] = keyspectra(X)
45
46    [m, n] = size(X);
47    points = ceil(m/2);
48
49    S = [];
50    t = [];
51    det_i = [];
52    all_det_i = [];
53
54    init_spectrum = mean(X);
55    for j = 1:points
56      for i = 1:m
57        Y = [init_spectrum; X(i,:)];
58        Z = Y*Y';
59        det_i = [det_i; det(Z)];
60      end
61      [maxdetval,maxdetlocat] = max(det_i);
62      all_det_i = [all_det_i det_i/norm(det_i)];
63      S = [S; X(maxdetlocat,:)];
64      init_spectrum = S;
65      det_i = [];
66    end
```

```
67
68    coef = [];
69    for i = 1:points-1
70      coef = [coef; all_det_i(:,i)' * all_det_i(:,i+1)];
71    end
72    difcoef = [];
73    for i = 1:points-2
74      difcoef = [difcoef (coef(i+1) - coef(i))];
75    end
76    [maxdifcoef,num] = max(difcoef);
77    S = S(1:num,:);
78    C = X * pinv(S);
79    [maxc, t] = max(C);
80    [t, maxt] = sort(t);
81
82    for i = 1:length(t)
83      S(i,:) = X(t(i),:) / norm(X(t(i),:));
84    end
85    S = S';
86
87  endfunction
88
89  %!demo
90  %! load ./Data/masartdata.mat
91  %! [S,t] = keyspectra(X);
```

4.3.2　自动分辨算法

在前一节得到体系的组分数的同时，我们也得到了一个初始关键集，利用这个关键集可以计算体系的浓度向量，方法如下：

```
C = X * pinv(S');
```

图 4.18 为初始关键集，图 4.19 为从该关键光谱集计算出来的浓度曲线。可以看到，从初

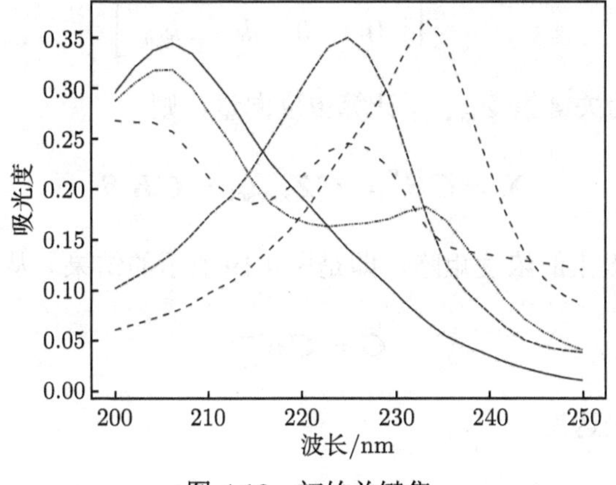

图 4.18　初始关键集

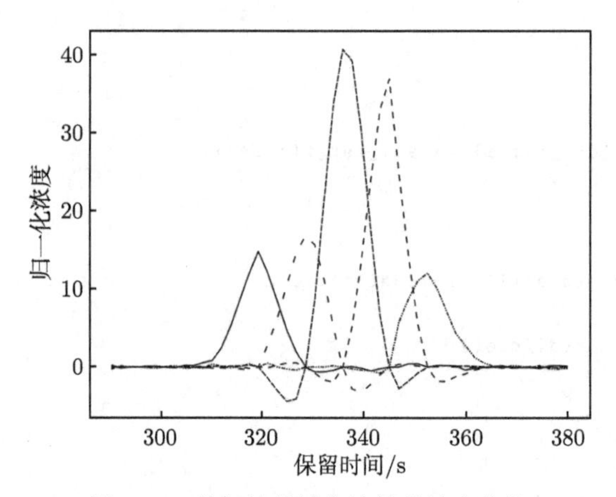

图 4.19　从初始关键集计算的浓度曲线

始关键集得到的浓度曲线存在负值部分，这是由于初始关键集包含的光谱不是纯光谱而是混合光谱。由于光谱部分占据了更多的“量”，这就导致浓度部分会出现“亏损”。

关键光谱集中的每一个光谱都是若干个光谱的线性加和，具体由哪些光谱构成取决于体系的具体情况。为了讨论的便利，我们不妨假设每一个关键光谱是某个组分的纯光谱及与之临近的组分纯光谱的线性加和，则对于一个由四个组分构成的体系，其关键光谱集有如下的形式：

$$\boldsymbol{Z}_{\text{keyset}}=\begin{bmatrix}\boldsymbol{z}_1^{\mathrm{T}}\\ \boldsymbol{z}_2^{\mathrm{T}}\\ \boldsymbol{z}_3^{\mathrm{T}}\\ \boldsymbol{z}_4^{\mathrm{T}}\end{bmatrix}=\begin{bmatrix}k_{11}\boldsymbol{s}_1^{\mathrm{T}}+k_{12}\boldsymbol{s}_2^{\mathrm{T}}\\ k_{21}\boldsymbol{s}_1^{\mathrm{T}}+k_{22}\boldsymbol{s}_2^{\mathrm{T}}+k_{23}\boldsymbol{s}_3^{\mathrm{T}}\\ k_{32}\boldsymbol{s}_2^{\mathrm{T}}+k_{33}\boldsymbol{s}_3^{\mathrm{T}}+k_{34}\boldsymbol{s}_4^{\mathrm{T}}\\ k_{43}\boldsymbol{s}_3^{\mathrm{T}}+k_{44}\boldsymbol{s}_4^{\mathrm{T}}\end{bmatrix}=\boldsymbol{KS} \tag{4.36}$$

式中，$\boldsymbol{S}$ 是纯光谱矩阵，其每一行为 $\boldsymbol{s}_i^{\mathrm{T}}(i=1,\cdots,4)$；$\boldsymbol{K}$ 是由系数 k_{ij} 构成的矩阵，具有如下的形式：

$$\boldsymbol{K}=\begin{bmatrix}k_{11}&k_{12}&0&0\\ k_{21}&k_{22}&k_{23}&0\\ 0&k_{32}&k_{33}&k_{34}\\ 0&0&k_{43}&k_{44}\end{bmatrix} \tag{4.37}$$

如果我们直接利用关键集 $\boldsymbol{Z}_{\text{keyset}}$ 计算浓度向量，则

$$\boldsymbol{X}=\boldsymbol{CS}^{\mathrm{T}}=\hat{\boldsymbol{C}}\boldsymbol{Z}_{\text{keyset}}=\hat{\boldsymbol{C}}\boldsymbol{KS}^{\mathrm{T}} \tag{4.38}$$

式中，$\hat{\boldsymbol{C}}$ 是对应于关键集的浓度矩阵，即是图 4.19 所示的结果。从式（4.38）可得

$$\hat{\boldsymbol{C}}=\boldsymbol{CK}^{-1} \tag{4.39}$$

如果将 $\hat{\boldsymbol{C}}$ 和 $\boldsymbol{C}$ 表达为

$$\hat{\boldsymbol{C}}=[\hat{\boldsymbol{c}}_1\ \ \hat{\boldsymbol{c}}_2\ \ \hat{\boldsymbol{c}}_3\ \ \hat{\boldsymbol{c}}_4]$$

$$\boldsymbol{C}=[\boldsymbol{c}_1 \quad \boldsymbol{c}_2 \quad \boldsymbol{c}_3 \quad \boldsymbol{c}_4] \tag{4.40}$$

展开后的结果如下（仅列出 $\hat{\boldsymbol{c}}_1$）：

$$\begin{aligned}\hat{\boldsymbol{c}}_1 = &\boldsymbol{c}_1\left(k_{22}k_{33}k_{44}-k_{22}k_{34}k_{43}-k_{32}k_{23}k_{44}\right)/\det(\boldsymbol{K})\\ &-\boldsymbol{c}_2\left(k_{21}k_{33}k_{44}-k_{21}k_{34}k_{43}\right)/\det(\boldsymbol{K})\\ &+\boldsymbol{c}_3k_{21}k_{32}k_{44}/\det(\boldsymbol{K})\\ &-\boldsymbol{c}_4k_{21}k_{32}k_{43}/\det(\boldsymbol{K})\end{aligned} \tag{4.41}$$

从式（4.41）中可以看到，采用关键光谱集计算出来的每一个组分的色谱向量都是其他色谱向量的线性加和，这可以很好地解释图 4.19 的结果。有些研究人员据此采用加减临近色谱峰向量的方法来“校正”某个组分的色谱峰向量。但是，由于 $\boldsymbol{K}$ 矩阵的复杂性，这样的做法往往难以奏效。

但是，如果对 $\boldsymbol{K}$ 矩阵做适当的变换，则情况会发生质的改变。例如，如果对该矩阵的第二行的元素做适当的变换，使得 $k_{21}=0$，则此时的 $\boldsymbol{K}$ 矩阵如下：

$$\boldsymbol{K}_{(k_{21}=0)}=\begin{bmatrix} k_{11} & k_{12} & 0 & 0\\ 0 & k'_{22} & k'_{23} & 0\\ 0 & k_{32} & k_{33} & k_{34}\\ 0 & 0 & k_{43} & k_{44}\end{bmatrix} \tag{4.42}$$

写成分块矩阵，如下：

$$\boldsymbol{K}_{(k_{21}=0)}=\begin{bmatrix} k_{11} & \boldsymbol{a}^{\mathrm{T}}\\ \boldsymbol{0} & \boldsymbol{B}\end{bmatrix} \tag{4.43}$$

其中，

$$\boldsymbol{a}=\begin{bmatrix}k_{12}\\0\\0\end{bmatrix},\quad \boldsymbol{0}=\begin{bmatrix}0\\0\\0\end{bmatrix},\quad \boldsymbol{B}=\begin{bmatrix}k'_{22} & k'_{23} & 0\\ k_{32} & k_{33} & k_{34}\\ 0 & k_{43} & k_{44}\end{bmatrix}$$

如果将 $\hat{\boldsymbol{C}}$ 和 $\boldsymbol{C}$ 表达为

$$\begin{aligned}\hat{\boldsymbol{C}}&=[\hat{\boldsymbol{c}}_1 \quad \hat{\boldsymbol{c}}_2 \quad \hat{\boldsymbol{c}}_3 \quad \hat{\boldsymbol{c}}_4]=\left[\hat{\boldsymbol{c}}_1 \quad \hat{\boldsymbol{C}}_{2\sim4}\right]\\ \boldsymbol{C}&=[\boldsymbol{c}_1 \quad \boldsymbol{c}_2 \quad \boldsymbol{c}_3 \quad \boldsymbol{c}_4]=[\boldsymbol{c}_1 \quad \boldsymbol{C}_{2\sim4}]\end{aligned} \tag{4.44}$$

则

$$\begin{aligned}[\hat{\boldsymbol{c}}_1 \quad \hat{\boldsymbol{C}}_{2\sim4}]&=[\boldsymbol{c}_1 \quad \boldsymbol{C}_{2\sim4}]\begin{bmatrix} k_{11} & \boldsymbol{a}^{\mathrm{T}}\\ \boldsymbol{0} & \boldsymbol{B}\end{bmatrix}^{-1}\\ &=\left[\boldsymbol{c}_1/k_{11} \quad \left(-\boldsymbol{c}_1\boldsymbol{a}^{\mathrm{T}}\boldsymbol{B}^{-1}/k_{11}+\boldsymbol{C}_{2\sim4}\boldsymbol{B}^{-1}\right)\right]\end{aligned} \tag{4.45}$$

所以

$$\hat{\boldsymbol{c}}_1 = \boldsymbol{c}_1/k_{11} \tag{4.46}$$

式（4.46）表明，如果能够重新选择第二个关键光谱，则完全可以通过关键光谱集得到第一个组分的色谱向量形态，从本质上说也是求得了第一组分的浓度向量，因为向量的形态决定了向量的本质。

重新选择第二个关键光谱的一个简单方法是沿着保留时间方向向后移动该光谱，当该光谱移动到第一个组分的零浓度区域时，就可以实现 $k_{21}=0$。由此也可以推论，对于其他的组分，只要其他的关键光谱移动到了其零浓度区域，则同样可以计算出该组分的浓度向量形态。这样的操作可视为对关键集的迭代选择，因而本法称为迭代关键集选择法。

至此，我们实现了组分数的自动判定以及初始关键集的自动构建。同时，我们也证明了只要重新构建关键集，就可以逐一实现对组分的真实浓度向量形态的计算。而这种关键集的重新构建，完全可以沿着保留时间方向向前或者向后选择新的关键光谱来实现，因而也可以实现自动化。现在要解决的关键问题是什么时候停止关键集的迭代选择。

图4.20为第三个组分的浓度向量以及关键光谱的位置（圆圈表示）。从图中可以看到，该色谱向量包含了正浓度部分和负浓度部分。随着关键光谱 1，2，4 和 5 的重新选择，色谱区域中的负浓度部分会逐步减少到背景的程度，因而可以用负浓度部分面积与正浓度部分面积的比例来作为停止迭代的判据，如下：

$$\rho = \frac{\displaystyle\int_{\text{neg.}} |c(t)|\mathrm{d}t}{\displaystyle\int_{\text{pos.}} |c(t)|\mathrm{d}t} \tag{4.47}$$

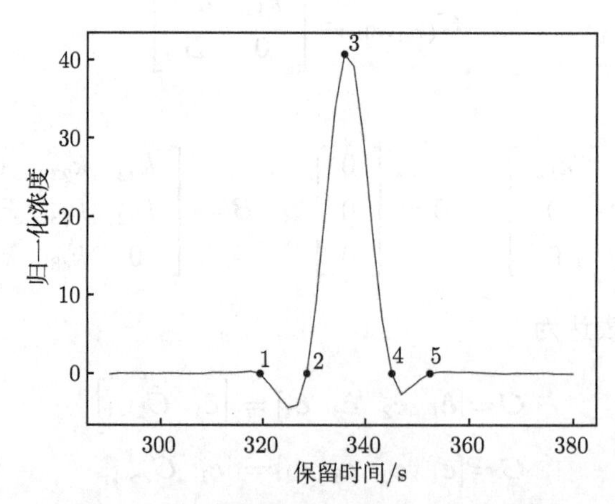

图 4.20　浓度向量及关键光谱位置示意图

方程中的分子部分为对负面积部分求积分，分母部分对正面积部分求积分。根据实际数据的噪声水平，可以设定 ρ 的阈值。实际上，该阈值也可以先设定一个较为合理的值，如 $\rho \leqslant 0.005$，表明当负面积部分占正面积部分小于 0.5%时即停止迭代。对于色谱分析而言，这样的误差水平是可以接受的。

当所有组分的浓度向量均计算出来之后，可以得到 $\boldsymbol{C}$ 的估计 $\hat{\boldsymbol{C}}$，基于此可以对体系的光谱矩阵进行估计，如下：

$$\hat{\boldsymbol{S}} = (\hat{\boldsymbol{C}}^{\mathrm{T}}\hat{\boldsymbol{C}})^{-1}\hat{\boldsymbol{C}}^{\mathrm{T}}\boldsymbol{X} \tag{4.48}$$

基于以上的讨论，我们可以构建 SKSS 方法的自动分辨算法。由于两端的组分只需要往前或往后选择关键光谱集，而内部的组分必须同时在前端和后端选择关键光谱集，因而算法要分开讨论。对于两端的组分，以第一组分的分辨为例进行介绍。

设初始关键光谱集为

$$\boldsymbol{Z} = \begin{bmatrix}\boldsymbol{z}_1^{\mathrm{T}} & \boldsymbol{z}_2^{\mathrm{T}} & \cdots & \boldsymbol{z}_p^{\mathrm{T}}\end{bmatrix}^{\mathrm{T}} \tag{4.49}$$

组分一的自动分辨算法如下：

step 0: $i = t_2 + 1$。

step 1: 令 $\boldsymbol{X}_i = \boldsymbol{X}(i : end, :)$，从 $\boldsymbol{X}_i$ 中构建包含 $p-1$ 个关键光谱的光谱集 $\boldsymbol{Z}_{p-1}$。

step 2: 构建新的关键光谱集 $\boldsymbol{Z}_i = \begin{bmatrix}\boldsymbol{z}_1^{\mathrm{T}} & \boldsymbol{z}_{p-1}\end{bmatrix}^{\mathrm{T}}$。

step 3: 计算 $\hat{\boldsymbol{C}} = \boldsymbol{X}\boldsymbol{Z}_i^{+}$。

step 4: 基于 $\hat{\boldsymbol{c}}_1$ 计算 ρ。如果 $\rho \leqslant 0.005$，停止计算，$\hat{\boldsymbol{c}}_1$ 即所求；否则，$i = i + 1$，返回 step 1。

内部组分的自动分辨算法与上述做法类似，此不赘述。

4.3.3　SKSS 的简化方案

从上述的自动分辨算法中可以看到，其中的重要步骤就是反复地构建关键集。之所以要采用这样的步骤，是为了使得 $\hat{\boldsymbol{C}} = \boldsymbol{X}\boldsymbol{Z}^{+}$ 的计算更为稳健。如果仅仅是简单地移动某个关键光谱而使其他的关键光谱不变，则很有可能导致 $\boldsymbol{Z}$ 中出现相同的（或者相近的）两个光谱，从而影响其求逆运算。

从式（4.45）可以发现，当我们在计算 $\hat{\boldsymbol{c}}_1$ 时，其实并不需要知道矩阵 $\boldsymbol{B}$ 的具体形式，只要它的逆阵 $\boldsymbol{B}^{-1}$ 存在即可。基于此原理，我们在构建新的关键光谱集时，不需要在原测量矩阵中挑选，可以直接对相关的子矩阵做分解，然后用抽象光谱来取代 $\boldsymbol{B}$。

从图 4.20 中可以看到，可以利用负面积部分中最小值来作为收敛判据。可以预判，当构建出正确的关键光谱集时，这些负浓度部分会变得足够小，它们对应的最小值也会足够小。所以，当这些最小值与基线的噪声水平没有显著性差异时，可以停止分辨过程。

基于这些考虑，我们给出一个 SKSS 方法的改进方案，程序清单如下：

程序示例 4.4　iskss.m

```
1  ## Copyright (C) 2015, Feng Gan <cesgf@mail.sysu.edu.cn; sysucesgf@163.com>
2  ## This program is free software; you can redistribute it and/or modify it under
3  ## the terms of the GNU General Public License as published by the Free Software
4  ## Foundation; either version 3 of the License, or (at your option) any later
5  ## version.
6  ##
7  ## This program is distributed in the hope that it will be useful, but WITHOUT
8  ## ANY WARRANTY; without even the implied warranty of MERCHANTABILITY or
```

```
9   ## FITNESS FOR A PARTICULAR PURPOSE. See the GNU General Public License for more
10  ## details.
11  ##
12  ## You should have received a copy of the GNU General Public License along with
13  ## this program; if not, see <http://www.gnu.org/licenses/>.
14  ##
15
16  ## -*- texinfo -*-
17  ## @deftypefn {Function File} {[@var{C}, @var{S}, @var{Res}] =} iskss (@var{X}, @var{
        siglev})
18  ## Improved Stepwise Key Spectra Selections
19  ## with the model @code{X = CS}.
20  ##
21  ## @itemize
22  ## @item
23  ## @code{X} is a spectral matrix whose each row is a spectrum.
24  ## @item
25  ## @code{siglev} is a significant level for eliminating negative part.
26  ## @end itemize
27  ##
28  ## Return values
29  ##
30  ## @itemize
31  ## @item
32  ## @code{C} is the concentration matrix
33  ## @item
34  ## @code{S} is the spectral matrix of the key set.
35  ## @item
36  ## @code{Res} is the residual matrix
37  ## @end itemize
38  ## @end deftypefn
39  ##
40  ## References:
41  ## - F. Gan, Q.S. Xu, Y. Z. Liang*, Two novel procedures for automatic resolution of two-
        way data from coupled chromatography, Analyst. 126 (2001) 161-168.
42  ## - L.M. Peng, F. Gan*, H.H. Kong, X.D. Lin, and C.L. Chen, Resolution of Overlapping
        Peaks from Hyphenated Chromatography by a Procedure Combining Improved Multivariate
        Curve Resolution Techniques (manuscript)
43  ##
44  ## Author: Gan,F.
45  ## Lastest Revision: 2015-07-28
46  ## Create date:      2011-08-26
47
48  function [C,S,Res] = iskss(X,siglev);
49
50    if (nargin < 2)
51      siglev = 3.0; ## 缺省为3倍背景的标准偏差。需根据具体情况进行调整。
52    endif
53    X_sub = [];
54    s_i_ks = [];
55    C_tmp = [];
56    S_tmp = [];
57    U = [];
```

```
58      s = [];
59      V = [];
60      c_val = 0.0;
61      c_bk = [];
62      locat = 0;
63      V_ks_right = [];
64      V_ks_left = [];
65      mx = 0;
66      nx = 0;
67      pcnum = 0;
68      [S,t] = keyspectra(X);
69      [mx,nx] = size(X);
70      pcnum = length(t);
71      if pcnum < 3
72        error('You do not need me to resolute the data.');
73      end
74      c = zeros(mx,pcnum);
75      s_i_ks = X(t(1),:);
76      s_i_ks = s_i_ks/norm(s_i_ks);
77      for i = t(2)+1:mx
78        X_sub = X(i:mx,:);
79        [U,s,V] = svd(X_sub);
80        S_tmp = [s_i_ks; V(:,1:pcnum-1)'];
81        C_tmp = X * pinv(S_tmp);
82        c_bk = C_tmp(i:mx, 1);
83        [c_val,loca] = min(c_bk);
84        if (abs(c_val) < siglev*std(c_bk))
85          c(:,1) = C_tmp(:,1);
86          break;
87        end
88      end
89
90      s_i_ks = X(t(pcnum),:);
91      s_i_ks = s_i_ks/norm(s_i_ks);
92      for i = t(pcnum-1)-1:-1:1
93        X_sub = X(1:i,:);
94        [U,s,V] = svd(X_sub);
95        S_tmp = [V(:,1:pcnum-1)';s_i_ks];
96        C_tmp= X*pinv(S_tmp);
97        c_bk = C_tmp(1:i, pcnum);
98        [c_val,loca] = min(c_bk);
99        if (abs(c_val) < siglev*std(c_bk))
100         c(:,pcnum) = C_tmp(:,pcnum);
101         break;
102       end
103     end
104
105     for i = 2:pcnum-1
106       s_i_ks = X(t(i),:);
107       s_i_ks = s_i_ks/norm(s_i_ks);
108       X_sub = X(t(i+1):mx,:);
109       [U,s,V] = svd(X_sub);
110       V_ks_right = V(:,1:pcnum-i);
```

```
111      locat = 0;
112      for j = t(i-1):-1:1
113        X_sub = X(1:j,:);
114        [U,s,V] = svd(X_sub);
115        S_tmp=[V(:,1:i-1)';V_ks_right';s_i_ks];
116        C_tmp = X*pinv(S_tmp);
117        c_bk = C_tmp(1:j-1,pcnum);
118        [c_val,loca] = min(c_bk);
119        if (abs(c_val) < siglev*std(c_bk))
120          locat = j;
121          break;
122        end
123      end
124      X_sub = X(1:locat,:);
125      [U,s,V] = svd(X_sub);
126      V_ks_left = V(:,1:i-1);
127      for j = t(i+1):mx
128        X_sub = X(j:mx,:);
129        [U,s,V] = svd(X_sub);
130        S_tmp = [V_ks_left';V(:,1:pcnum-i)';s_i_ks];
131        C_tmp = X*pinv(S_tmp);
132        c_bk = C_tmp(j+1:mx,pcnum);
133        [c_val,loca] = min(c_bk);
134        if (abs(c_val) < siglev*std(c_bk))
135          c(:,i) = C_tmp(:,pcnum);
136          break;
137        end
138      end
139    end
140    C = c;
141    S = pinv(C)*X;
142    Res = X - C*S;
143    S = S';
144  endfunction
145
146  %!demo
147  %! load ./Data/masartdata.mat
148  %! siglev = 2.5;
149  %! [C,S,Res] = iskss(X,siglev);
150  %! figure(1),clf('reset');
151  %! plot(C);
152  %! figure(2),clf('reset');
153  %! plot(S);
154  %! figure(3),clf('reset');
155  %! plot(Res);
```

执行如下的操作，可以得到分辨结果，如图 4.21 和图 4.22 所示。

```
octave:1> load ./Data/masartdata.mat
octave:2> [C,S,Res] = iskss(X, 2.5);
```

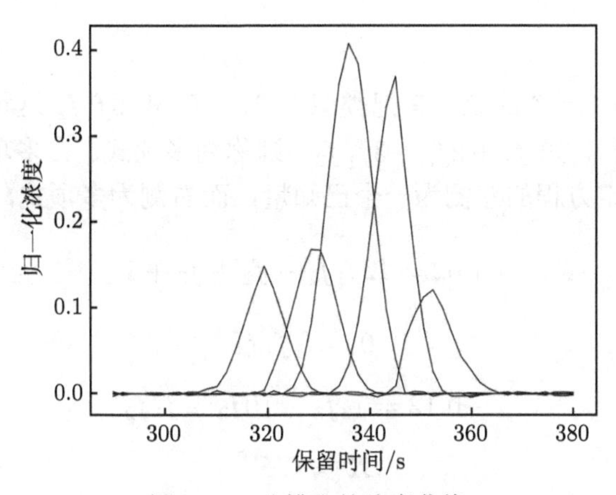

图 4.21　分辨出的浓度曲线

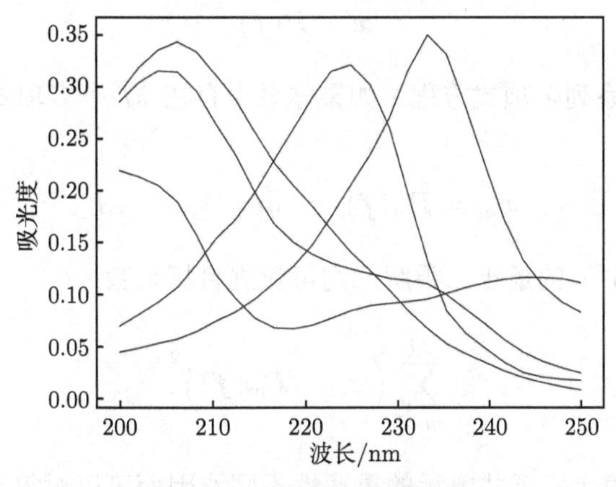

图 4.22　分辨出的光谱曲线

最后要说明一下，自动分辨算法虽然在多数情况下均能得到很好的结果，但是如果涉及的基线形态较复杂，则可能会导致结果变差。最合适的做法是先用自动分辨方法对数据进行分辨，如果分辨结果可以接受，则保留分辨结果。否则的话，可以在自动分辨结果得到的区间信息的基础上再用 HELP 方法做一次手工分辨，如此可以得到更好的结果。

4.4　基于方程的系统

基于方程的系统（equation-oriented system，EOS）是王继红和 Hopke 于 2001 年建立的解复杂线性体系方程组的一种方法。从形式上看，EOS 与 Paatero 提出的多线性引擎（multilinear engine，ME）基本一样，都是采用预条件化的共轭梯度算法。然而，由于 EOS 方法引入了相关变量的概念及其实现技术，EOS 在处理 Jacobian 矩阵问题方面与 ME 完全不同。作者和 Hopke 对 EOS 的技术细节进行了阐释，有助于对 EOS 方法的理解。

4.4.1 模型

EOS 对于模型做了一个约定，它把类似于 3，$5f_1$ 和 $6f_1f_2$ 这种类型的式子称为单项式。单项式的线性加和，如 $f_1+2f_2-3f_1^2f_2$，则称为多项式。在多项式的基础上可以构建多项式方程，这里规定方程的左侧为一个已知量，而右侧为多项式，举例如下：

$$1.02 = 12f_1f_2 - f_2 + f_3 + 1$$

$$0 = f_1f_2f_3$$

$$-0.12 = f_2f_3 - 10f_2 + f_1f_2$$

$$\boldsymbol{X} = \boldsymbol{C}\boldsymbol{S}^{\mathrm{T}}$$

所以，针对未知变量 $\boldsymbol{f}$ 和已知变量 $\boldsymbol{x}$ 可以建立一般性的多项式方程模型，如下：

$$\boldsymbol{x} = \boldsymbol{P}(\boldsymbol{f}) \tag{4.50}$$

这里，$\boldsymbol{P}$ 表示的是一系列多项式方程。如果体系中存在 M 个多项式方程，则其中的第 m 个多项式方程为

$$\boldsymbol{x}_m = \boldsymbol{P}_m(\boldsymbol{f}) \qquad m = 1, \cdots, M \tag{4.51}$$

如果 $\boldsymbol{f}$ 是式（4.51）的最小二乘解，则可建立目标函数：

$$\sum_{m=1}^{M}\Big(\boldsymbol{x}_m - \boldsymbol{P}_m(\boldsymbol{f})\Big)^2 \tag{4.52}$$

对于实际体系，每个多项式方程的重要性不同，因而可以对每个多项式方程引入一个权重系数 w_m，所以式（4.50）可写成：

$$\sqrt{w_m}\,\boldsymbol{x}_m = \sqrt{w_m}\,\boldsymbol{P}(\boldsymbol{f}) \tag{4.53}$$

因而目标函数方程式（4.52）的一般形式为

$$\sum_{m=1}^{M} w_m\Big(\boldsymbol{x}_m - \boldsymbol{P}_m(\boldsymbol{f})\Big)^2 \tag{4.54}$$

由于多项式方程通常为非线性，采用线性展开有利于其分析。对式（4.53）在 $\boldsymbol{f}$ 附近 $\boldsymbol{f}+\boldsymbol{t}$ 做一个 Taylor 展开并保留一次项，得

$$\sqrt{w_m}\,\boldsymbol{P}_{\boldsymbol{f},m}(\boldsymbol{f})\,\boldsymbol{t} = \sqrt{w_m}\Big(\boldsymbol{x}_m - \boldsymbol{P}_m(\boldsymbol{f})\Big) \tag{4.55}$$

这里，$\boldsymbol{P}_{\boldsymbol{f}}(\boldsymbol{f})$ 是 $\boldsymbol{P}(\boldsymbol{f})$ 对 $\boldsymbol{f}$ 求导得到的 Jacobian 矩阵。

由式（4.55）可以得到正则方程：

$$\boldsymbol{J}^{\mathrm{T}}\boldsymbol{W}\boldsymbol{J}\boldsymbol{t} = \boldsymbol{J}^{\mathrm{T}}\boldsymbol{r} \tag{4.56}$$

这里：

$$J(f) = P_f(f) \tag{4.57}$$

而

$$r(f) = W\Big(x - P(f)\Big) \tag{4.58}$$

式中，W 是由 w_m 构成的对角矩阵。

从上面的数学描述可知，求解原始的多项式方程式（4.52）的问题可转换成为求解式（4.56）的正则方程问题，问题的关键也归结到如何得到步长向量 t。解式（4.56）的方法很多，其中以共轭梯度算法较为高效，而预条件化可进一步加速共轭梯度算法。在 EOS 中，预条件化使用了矩阵 $J^{\mathrm{T}}WJ$ 的对角元。

4.4.2 修改的共轭梯度算法

原始的共轭梯度算法无法直接用于求解式（4.56），原因是存在太多未知变量，因而原始的共轭梯度算法需做修改。Paatero 提出了一种预条件化的共轭梯度算法，如下：

算法 1　修改的共轭梯度算法

```
1:  procedure REVISED CONJUGATE GRADIENT
2:      ϵ = 10^{-12}, c_i = 1.0, ρ = 0, u_n = Σ_m w_m J_{mn}^2;        ▷ 初始化
3:      while （未收敛） do                                        ▷ 或者未达到最大迭代次数。
4:          g = J^T r;
5:          z_n = c_n g_n / u_n;
6:          ρ^old = ρ, ρ = g^T z;
7:          if ρ^old = 0 then
8:              β = 0;
9:          else
10:             β = ρ/ρ^old;
11:
12:         t = βt + z;
13:         v = Jt;
14:         t = v^T v;
15:         α = ρ/t;
16:         f = f + αt;
17:         调整 f_n 和 α 使满足约束条件。否则考虑重新开始。
18:
```

在上述的算法中，有三个变量的计算涉及大型 Jacobian 计算，它们分别是：$g = J^{\mathrm{T}}r$，$v = Jt$ 和 $u_n = \sum_m w_m J_{mn}^2$。Jacobian 矩阵本身是非常大的稀疏矩阵，因而如何高效地解决这三个量的计算，将直接影响到方法的有效性。EOS 引入了相关变量的概念，使得这些量的计算变得非常简便。

4.4.3 相关变量

在 EOS 的原始文献中，相关变量是以一种直接表述的方式给出的，而不是用一种演绎的方式。这里，我们从一个简单的双线性模型描述开始，给出相关变量的一种演绎表述方式。设式（4.51）的模型为

$$\boldsymbol{X}=\boldsymbol{C}\boldsymbol{S} \tag{4.59}$$

矩阵 $\boldsymbol{X}$ 中的某个元素 x_{ij} 可以表达为

$$x_{ij}=\boldsymbol{C}_{i\cdot}\boldsymbol{S}_{\cdot j} \tag{4.60}$$

式中，$\boldsymbol{C}_{i\cdot}$ 是 $\boldsymbol{C}$ 的第 i 行；$\boldsymbol{S}_{\cdot j}$ 是 $\boldsymbol{S}$ 的第 j 列。由于 x_{ij} 是一个标量，我们将其简化表达为

$$x=\boldsymbol{c}^{\mathrm{T}}\boldsymbol{s} \tag{4.61}$$

式中，向量 $\boldsymbol{c}$ 和 $\boldsymbol{s}$ 均为未知。我们遵循正因子分解中的做法来构建正则方程。当 $\boldsymbol{c}$ 和 $\boldsymbol{s}$ 分别有一个小的改变 $\Delta\boldsymbol{c}$ 和 $\Delta\boldsymbol{s}$，可得

$$x=(\boldsymbol{c}^{\mathrm{T}}+\Delta\boldsymbol{c}^{\mathrm{T}})(\boldsymbol{s}+\Delta\boldsymbol{s})=\boldsymbol{c}^{\mathrm{T}}\boldsymbol{s}+\boldsymbol{c}^{\mathrm{T}}\Delta\boldsymbol{s}+\Delta\boldsymbol{c}^{\mathrm{T}}\boldsymbol{s}+\Delta\boldsymbol{c}^{\mathrm{T}}\Delta\boldsymbol{s} \tag{4.62}$$

如果 $\Delta\boldsymbol{c}^{\mathrm{T}}$ 和 $\Delta\boldsymbol{s}$ 足够小，则二阶项 $\Delta\boldsymbol{c}^{\mathrm{T}}\Delta\boldsymbol{s}$ 可忽略，式（4.62）变成：

$$\Delta x=\boldsymbol{c}^{\mathrm{T}}\Delta\boldsymbol{s}+\Delta\boldsymbol{c}^{\mathrm{T}}\boldsymbol{s}=\begin{bmatrix}\boldsymbol{c}^{\mathrm{T}} & \boldsymbol{s}^{\mathrm{T}}\end{bmatrix}\begin{bmatrix}\Delta\boldsymbol{s}\\ \Delta\boldsymbol{c}\end{bmatrix} \tag{4.63}$$

式中，$\Delta x=x-\boldsymbol{c}^{\mathrm{T}}\boldsymbol{s}$。如果定义 Jacobian 矩阵为

$$\boldsymbol{J}=\begin{bmatrix}\boldsymbol{c}^{\mathrm{T}} & \boldsymbol{s}^{\mathrm{T}}\end{bmatrix} \tag{4.64}$$

我们可以得到如下的正则方程：

$$\boldsymbol{J}^{\mathrm{T}}\Delta x=\boldsymbol{J}^{\mathrm{T}}\boldsymbol{J}\Delta\boldsymbol{t} \tag{4.65}$$

其中，

$$\Delta\boldsymbol{t}=\begin{bmatrix}\Delta\boldsymbol{s}\\ \Delta\boldsymbol{c}\end{bmatrix}=\begin{bmatrix}\Delta\boldsymbol{t}_s\\ \Delta\boldsymbol{t}_c\end{bmatrix}$$

向量 $\Delta\boldsymbol{t}$ 是由 $\Delta\boldsymbol{c}$ 和 $\Delta\boldsymbol{s}$ 构建而成的，所以它的分量 $\Delta\boldsymbol{t}_s$ 是与 $\Delta\boldsymbol{s}$ 相对应的项，且二者的大小一致，因而在 EOS 的框架中称 $\Delta\boldsymbol{t}_s$ 为 $\Delta\boldsymbol{s}$ 的相关变量。类似地，$\Delta\boldsymbol{t}_c$ 是 $\Delta\boldsymbol{c}$ 的相关变量。至此，我们以一种演绎的方式给出了相关变量的具体实例。

4.4.4 重要参数的计算

在 EOS 方法中，有三个重要的参数，它们是

$$\tau=(\boldsymbol{J}\Delta\boldsymbol{t})^{\mathrm{T}}(\boldsymbol{J}\Delta\boldsymbol{t}) \tag{4.66}$$

$$\omega = (\boldsymbol{J}\Delta \boldsymbol{t})^{\mathrm{T}}\Delta x \tag{4.67}$$

$$\rho = \boldsymbol{g}^{\mathrm{T}}\boldsymbol{z} \tag{4.68}$$

式中，$\boldsymbol{g} = \boldsymbol{J}^{\mathrm{T}}\Delta x$；向量 z 的第 k 个元素 $z_k = q_k g_k / p_k$，而 p_k 是 $\boldsymbol{J}^{\mathrm{T}}\boldsymbol{J}$ 的第 k 个对角元。

从上面各式可以看到，所有的计算均涉及矩阵 $\boldsymbol{J}$。如果 $\boldsymbol{J}$ 是大型矩阵，采用常规的方式进行相关的计算既消耗内存也耗费时间。然而，在前面建立的最简单模型式（4.61）中，$\boldsymbol{J}\Delta \boldsymbol{t}$ 的计算则非常直接，如下：

$$\boldsymbol{J}\Delta \boldsymbol{t} = \begin{bmatrix} \boldsymbol{c}^{\mathrm{T}} & \boldsymbol{s}^{\mathrm{T}} \end{bmatrix} \begin{bmatrix} \Delta \boldsymbol{t}_s \\ \Delta \boldsymbol{t}_c \end{bmatrix} = \boldsymbol{c}^{\mathrm{T}}\Delta \boldsymbol{t}_s + \boldsymbol{s}^{\mathrm{T}}\Delta \boldsymbol{t}_c \tag{4.69}$$

因而，计算其他的项 τ 和 ω 如下：

$$\tau = (\boldsymbol{J}\Delta \boldsymbol{t})^{\mathrm{T}}(\boldsymbol{J}\Delta \boldsymbol{t}) = (\boldsymbol{c}^{\mathrm{T}}\Delta \boldsymbol{t}_s + \boldsymbol{s}^{\mathrm{T}}\Delta \boldsymbol{t}_c)^2 \tag{4.70}$$

$$\omega = (\boldsymbol{J}\Delta \boldsymbol{t})^{\mathrm{T}}\Delta x = (\boldsymbol{c}^{\mathrm{T}}\Delta \boldsymbol{t}_s + \boldsymbol{s}^{\mathrm{T}}\Delta \boldsymbol{t}_c)\Delta x \tag{4.71}$$

另外一个参数 ρ 的计算需要多个步骤。首先，需计算矩阵 $\boldsymbol{J}^{\mathrm{T}}\boldsymbol{J}$ 以得到它的对角元，简单的分析可以发现：

$$\boldsymbol{J}^{\mathrm{T}}\boldsymbol{J} = \begin{bmatrix} \boldsymbol{c} \\ \boldsymbol{s} \end{bmatrix} \begin{bmatrix} \boldsymbol{c}^{\mathrm{T}} & \boldsymbol{s}^{\mathrm{T}} \end{bmatrix} = \begin{bmatrix} \boldsymbol{c}\boldsymbol{c}^{\mathrm{T}} & \boldsymbol{c}\boldsymbol{s}^{\mathrm{T}} \\ \boldsymbol{s}\boldsymbol{c}^{\mathrm{T}} & \boldsymbol{s}\boldsymbol{s}^{\mathrm{T}} \end{bmatrix} \tag{4.72}$$

因而，p_k 的向量形式为

$$\boldsymbol{p} = \begin{bmatrix} c_1^2 \cdots c_a^2 & s_1^2 \cdots s_a^2 \end{bmatrix}^{\mathrm{T}} \tag{4.73}$$

其次，在计算 z_k 时，要引入 $\boldsymbol{c}$ 的相关变量 $(q_c)_k$ 以及 $\boldsymbol{s}$ 的相关变量 $(q_s)_k$。由于 $\boldsymbol{g} = \boldsymbol{J}^{\mathrm{T}}\Delta x$ 是

$$\boldsymbol{g} = \boldsymbol{J}^{\mathrm{T}}\Delta x = \begin{bmatrix} \boldsymbol{c} \\ \boldsymbol{s} \end{bmatrix} \Delta x \tag{4.74}$$

所以，z_k 的向量形式为

$$\boldsymbol{z} = \left[(q_c)_1/c_1 \cdots (q_c)_a/c_a \quad (q_s)_1/s_1 \cdots (q_s)_a/s_a\right]^{\mathrm{T}} \Delta x \tag{4.75}$$

最后，我们可以计算 ρ，如下：

$$\begin{aligned} \rho &= \Delta x \left[c_1 \cdots c_a \quad s_1 \cdots s_a\right] \left[(q_c)_1/c_1 \cdots (q_c)_a/c_a \quad (q_s)_1/s_1 \cdots (q_s)_a/s_a\right]^{\mathrm{T}} \Delta x \\ &= \left(\sum_k^a (q_c)_k + \sum_k^a (q_s)_k\right) (\Delta x)^2 \end{aligned} \tag{4.76}$$

参数 τ、ω 和 ρ 均是标量，上述的计算过程中也只是采用了最简模型。由于原始模型是一个线性方程体系，因而对于整个线性方程体系的上述三个参数可以采用最简模型参数线性加和的方式构建。所以

$$\omega_{\text{total}} = \sum_i^m \sum_j^n \omega_{ij} = \sum_i^m \sum_j^n \left(\boldsymbol{c}_i^{\mathrm{T}} \Delta(\boldsymbol{t}_s)_j + \boldsymbol{s}_j^{\mathrm{T}} \Delta(\boldsymbol{t}_c)_i\right) \Delta x_{ij} \tag{4.77}$$

$$\tau_{\text{total}} = \sum_i^m \sum_j^n \tau_{ij} = \sum_i^m \sum_j^n \left(\boldsymbol{c}_i^{\mathrm{T}} \Delta(\boldsymbol{t}_s)_j + \boldsymbol{s}_j^{\mathrm{T}} \Delta(\boldsymbol{t}_c)_i\right)^2 \tag{4.78}$$

$$\rho_{\text{total}} = \sum_i^m \sum_j^n \rho_{ij} = \sum_i^m \sum_j^n \left(\sum_k^a (q_{c,i})_k + \sum_k^a (q_{s,j})_k\right) (\Delta x_{ij})^2 \tag{4.79}$$

基于这些变量，可以计算步长变量 α 和 β，如下：

$$\alpha_l = \frac{\omega_{\text{total},l}}{\tau_{\text{total},l}} \tag{4.80}$$

$$\beta_l = \frac{\rho_{\text{total},l+1}}{\rho_{\text{total},l}} \tag{4.81}$$

式中，$l = 1, 2, \cdots$ 是设定的迭代次数。

最终可以得到步长变量和线性体系的分辨结果：

$$\boldsymbol{t}_l = \beta_{l-1} \boldsymbol{t}_{l-1} + \boldsymbol{z}_{l-1} \tag{4.82}$$

$$\boldsymbol{f}_{l+1} = \boldsymbol{f}_l + \alpha_l \boldsymbol{t}_l \tag{4.83}$$

4.4.5 EOS 方法的一般策略

EOS 方法提供了一种非常柔性的解决复杂体系方程组的方法，它可以针对不同的体系构建不同的算法。更为重要的是，它可以根据模型的原始形态来构建算法，这极大地简化了编程和提高了运算速度。这里，我们以双线性体系的模型来对其一般策略做一介绍。

双线性模型的数学形式如式（4.59）所示，类似式（4.63），其差分形式如下：

$$\Delta \boldsymbol{X} = \boldsymbol{C}(\Delta \boldsymbol{S}) + (\Delta \boldsymbol{C})\boldsymbol{S} \tag{4.84}$$

式中，$\Delta \boldsymbol{C}$ 是 $\boldsymbol{C}$ 的相关变量，而 $\Delta \boldsymbol{S}$ 是 $\boldsymbol{S}$ 的相关变量。式（4.77）可以整理成：

$$\begin{aligned}
\omega_{\text{total}} &= \sum_i^m \sum_j^n \omega_{ij} \\
&= \sum_i^m \sum_j^n \left(\boldsymbol{c}_i^{\mathrm{T}} \Delta(\boldsymbol{t}_s)_j + \boldsymbol{s}_j^{\mathrm{T}} \Delta(\boldsymbol{t}_c)_i\right) \Delta x_{ij} \\
&= \sum_i^m \sum_j^n \left(\boldsymbol{c}_i^{\mathrm{T}} \Delta(\boldsymbol{t}_s)_j \Delta x_{ij}\right) + \sum_i^m \sum_j^n \left(\boldsymbol{s}_j^{\mathrm{T}} \Delta(\boldsymbol{t}_c)_i \Delta x_{ij}\right)
\end{aligned}$$

$$=\sum_{i}^{m}\sum_{j}^{n}\left(\boldsymbol{c}_i^{\mathrm{T}}\Delta(\boldsymbol{s})_j\Delta x_{ij}\right)+\sum_{i}^{m}\sum_{j}^{n}\left(\boldsymbol{s}_j^{\mathrm{T}}\Delta(\boldsymbol{c})_i\Delta x_{ij}\right) \tag{4.85}$$

这里，我们用 $\boldsymbol{s}$ 替换掉 $\boldsymbol{t}_s$，用 $\boldsymbol{c}$ 替换掉 $\boldsymbol{t}_c$，因为它们本来就是同类型的量。用 Octave 代码表示如下：

```
omega = sum(sum(C * dS .* dX)) + sum(sum(dC * S .* dX))
```

很显然，我们只需要根据式（4.84）中各矩阵的大小来对应地构建变量 C、S、$\mathrm{d}S$、$\mathrm{d}C$ 和 $\mathrm{d}X$ 即可。类似地，可以得到：

```
tau = sum(sum(C * dS).*(C * dS)) + sum(sum(dC * S) .* (dC * S));
rho = sum(sum(deltac) * dX .* dX) + sum(sum(deltas) * dX .* dX);
```

步长变量及迭代计算可表示如下：

```
alpha = omega / tau;
beta = rho_new / rho_old;
dC = beta * dC + Z_c;
dS = beta * dS + Z_s;
C = C + alpha * dC;
S = S + alpha * dS;
```

这里给出由王继红编写的 EOS 用于求解式（4.59）的程序清单。

程序示例 4.5　EOS2D.m

```
1  function [A,B] = EOS2D(X,N,MaxIter,Tol,W)
2  % Solve X=A*B' by EOS.
3  %   [A,B] = EOS2D(X,N,MaxIter,Tol,W)
4  %   or
5  %   [A,B] = EOS2D(X,N,MaxIter,Tol)
6  %
7  % where
8  %   - X: Measured data.
9  %   - N: Number of facto.
10 %   - MaxIter: Maximum of iterion steps.
11 %   - Tol: COnvergent criterion. The program convergences
12 %          if the relative error of current error to the
13 %          error of the last TOL(2) steps is less than Tol(1).
14 %   - W: Weight of X. Default value is 1.
15 %
16 % Jihong Wang
17 % Nov 09, 2000.
18
19
20 if nargin == 4, W = 1; end
21
22 SearchSet(1:2:200) = 2.^(-[1:100]);
```

```
23  SearchSet(2:2:201) = -2.^(-[1:100]);
24  CGRestart = [10,80,1,1,2,1];
25
26  nsvdtol = 1e-5;
27  nsvditermax = 300;
28  [A,S,B] = nsvd(X,N,nsvdtol,nsvditermax);
29
30  A = abs(A*sqrt(S));
31  B = abs(B*sqrt(S));
32
33  W = W.*ones(size(X));
34  At = 0*A; Bt = 0*B;
35  Ac = ones(size(A)); Bc = ones(size(B));
36  Au = 1./max((W.^2)*B.^2,1); Bu = 1./max((W.^2)'*A.^2,1);
37  ro = 0;
38  R = X-A*B';
39  Q = W(:)'*R(:).^2;
40
41  disp(sprintf('\nEOS began at %s\nInitial estimation: Q= %.10e',datestr(now),Q));
42  disp(sprintf('%23s%.10e ',' ',Q));
43
44  QQ = zeros(Tol(2)+6,1); k = Tol(2)+1;
45  for i = 1:MaxIter
46
47     Ag = (W.*R)*B; Bg = (W.*R)'*A;
48     Az = Ac.*Au.*Ag; Bz = Bc.*Bu.*Bg;
49     g2 = sum(Az(:).^2)+sum(Bz(:).^2);
50     rotmp = Ag(:)'*Az(:)+Bg(:)'*Bz(:);
51     beta = 0;
52     if ro ~= 0, beta = rotmp/ro; end;
53     ro = rotmp;
54
55     At = beta*At+Az; Bt = beta*Bt+Bz;
56     Xv = At*B' + A*Bt';
57     ti = W(:)'*Xv(:).^2;
58     wi = rotmp;
59     alfa = wi/ti;
60     Anew = A+alfa*At; Bnew = B+alfa*Bt;
61     Anewc = max(Anew,0); Bnewc = max(Bnew,0);
62     Rnew = X-Anewc*Bnewc';
63     Qnew = W(:)'*Rnew(:).^2;
64
65     Ac = max((Anew<0).*Ac/32,1e-12)+ min((Anew>=0).*Ac*2,1);
66     Bc = max((Bnew<0).*Bc/32,1e-12)+ min((Bnew>=0).*Bc*2,1);
67     At = max((Anew<0).*At/32,1e-12)+(Anew>=0).*At;
68     Bt = max((Bnew<0).*Bt/32,1e-12)+(Bnew>=0).*Bt;
69
70     BadStep = 1;
71     if Qnew < Q
72        BadStep = 0;
73        Q = Qnew;
74        R = Rnew;
75        A = Anewc; B = Bnewc;
```

```
76        else
77           for j = SearchSet
78              Anewc = max(A+j*alfa*At,0);
79              Bnewc = max(B+j*alfa*Bt,0);
80              Rnew = X-Anewc*Bnewc';
81              Qnew = W(:)'*Rnew(:).^2;
82              if Qnew < Q
83                 A = Anewc; B = Bnewc;
84                 R = Rnew;
85                 Q = Qnew;
86                 break;
87              end
88           end
89        end
90
91        disp(sprintf('  %4d  Q= %.10e ||z||= %e ',i,Q,g2));
92        QQ(end+1) = Q;
93        drmse = abs(mean(QQ([end-Tol(2)]:[end-1])) - Q)/Q;
94        if drmse < Tol(1), disp('Stop by deltaQ meets.'); break; end
95
96        if [i-k > prod(CGRestart([1,3])) | BadStep == 1] & ...
97              [QQ(k)+2*Q-(1+2)*QQ(floor((end-k)/2)) > 0 | ...
98                 i-k > prod(CGRestart([2,3]))]
99           k = i;
100          CGRestart(3:6) = CGRestart([4:6,3]);
101          Au = 1./max((W.^2)*B.^2,1); Bu = 1./max((W.^2)'*A.^2,1);
102          ro = 0;
103          Ac = ones(size(Ac)); Bc = ones(size(Bc));
104          At = 0*At; Bt = 0*Bt;
105       end
106
107   #    plot(A)
108   #    pause
109
110   end
111
112   NB = sqrt(sum(B.^2));
113   B = B*diag(NB.^(-1));
114   A = A*diag(NB);
115
116   disp(sprintf('\nEOS ended at %s',datestr(now)));
```

将 EOS 方法用于染料数据，执行如下指令：

```
load ./Data/smcr.mat;
N = 2;
MaxIter = 100;
Tol = [1e-4,5];
[A,B] = EOS2D(X,N,MaxIter,Tol);
```

解得的光谱如图 4.23 所示，从形态上看，与自模式曲线分辨方法得到的结果一致。

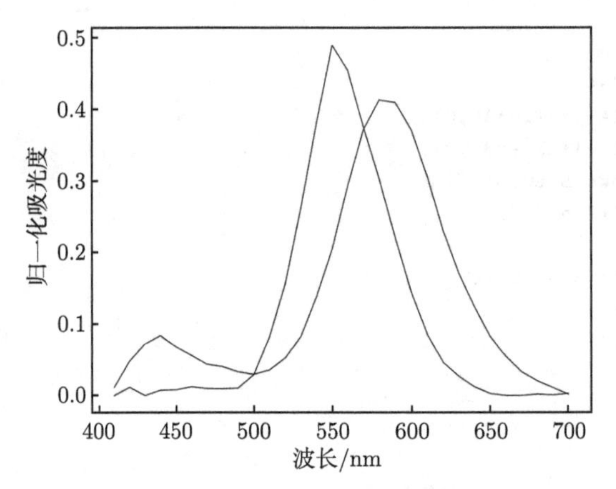

图 4.23　采用 EOS 方法分辨染料数据得到的两种染料的光谱

4.5　平行因子分析

平行因子分析（PARAFAC）是源自于计量心理学的一种多维分析方法，其目的是从测量数据中得到能够很好地解释数据内在特征的实际因子，而非是抽象因子。Cattell 最早提出了平行因子的思想，他认为如果同样的因子存在于两个不同的数据集中，那么该因子在两个数据集中的改变仅表现其幅度而不是其空间方向。基于这种假设，在寻找体系的真实因子时，可极大地减少甚至消除二维分辨中存在的旋转不确定性问题。

4.5.1　模型

在第 1 章“1.4 张量信号及其数学模型”中，我们建立了一个三维数据模型，如式(1.17) 所示。如果将对第 l 个样品进行测量得到的响应矩阵单独列出，可以用下面的形式来表示：

$$\boldsymbol{Y}_{\cdot\cdot l} = \boldsymbol{S} \times \operatorname{diag}(\boldsymbol{k}_l) \times \boldsymbol{C}^{\mathrm{T}} + \boldsymbol{E}_{\cdot\cdot l} \qquad l = 1, 2, \cdots, L \tag{4.86}$$

式中，$\boldsymbol{Y}_{\cdot\cdot l}$ 也称为三维数据阵列的第 l 个切片，其下标中的圆点符号是对应矩阵的行数、列数，由于这里只关心样品的维度，因而将它们以非显式的形式予以表示；$\boldsymbol{k}_l$ 是第 l 个样品中化学组分的浓度的向量，其每个元素对应于一个组分的浓度值；diag 表示将该向量矩阵化；$\boldsymbol{S}$ 和 $\boldsymbol{C}$ 的列分别由系统中组分的 $\boldsymbol{s}$ 和 $\boldsymbol{c}$ 向量构成；$\boldsymbol{E}_{\cdot\cdot k}$ 是测量误差矩阵。

为了便于讨论，我们用一个形式上的矩阵 $\boldsymbol{K}_l$ 来代替 $\operatorname{diag}(\boldsymbol{k}_l)$ 这个对角矩阵，即

$$\boldsymbol{K}_l = \operatorname{diag}(\boldsymbol{k}_l) \qquad l = 1, 2, \cdots, L \tag{4.87}$$

式（4.86）可以写成：

$$\boldsymbol{Y}_{\cdot\cdot l} = \boldsymbol{S}\boldsymbol{K}_l\boldsymbol{C}^{\mathrm{T}} + \boldsymbol{E}_{\cdot\cdot l} \qquad l = 1, 2, \cdots, L \tag{4.88}$$

式（4.88）中各项的内涵取决于具体的测量体系。例如，如果基于二维联用色谱技术，则 $\boldsymbol{Y}_{\cdot\cdot l}$ 是一个二维色谱响应矩阵，在本例中，其每一列是某个保留时间点的光谱。而 $\boldsymbol{S}$ 和

$\boldsymbol{C}$ 则分别对应于纯组分的光谱矩阵和浓度矩阵。在三维分辨的概念体系中，习惯性地将 $\boldsymbol{S}$、$\boldsymbol{C}$ 和 $\boldsymbol{K}_l$ 统称为载荷矩阵。

对于化学体系而言，式（4.86）是满足平行因子假设的。原因在于物质的光谱是物质的固有属性，即便是在与其他组分混合的情况下也不会改变。因而，对于所有的样品而言，$\boldsymbol{S}$ 均相同。对于联用色谱体系，$\boldsymbol{C}$ 可能相同也可能不同，由此又建立的 PARAFAC1 和 PARAFAC2 两种模型。在本书中，我们只讨论 PARAFAC1 模型，即在不同的样品测量结果中 $\boldsymbol{C}$ 的形态保持不变。对角矩阵 $\boldsymbol{K}_l$ 对应的是组分的浓度，对于不同的样品，该矩阵不同。

这里顺便说明一下，二维荧光谱虽然也可以构建三维阵列，但是本质上是荧光发射光谱，而不是所谓的激发光谱和发射光谱的乘积形式。二维荧光光谱构建的三维阵列的模型仍有待进一步研究。限于篇幅，本书不做深入讨论。

4.5.2 解的唯一性

所谓解的唯一性是指可以从三维数据中得到真实因子的形态，这是三维数据优于二维数据之处。如果能够从测量数据中得到真实因子的形态，显然有助于解释体系的真实状况，对于定性分析和定量分析均有非常重要的意义。早在 1944 年，当 Cattell 提出平行因子的概念时，他也对解的唯一性进行了探讨。他以一个两因子体系为例，证明对于无误差体系得到唯一解是可能的。1955 年，Cattell 进一步给出了正交因子情况下的解析解。

关于三维数据解的唯一性，可以用一个例子进行简要的说明。对于式（4.86），如果用两个非奇异矩阵 $\boldsymbol{A}$ 和 $\boldsymbol{B}$ 对其进行变换：

$$
\begin{aligned}
\boldsymbol{Y}_{\cdot\cdot l} &= \boldsymbol{S}\boldsymbol{K}_l\boldsymbol{C}^{\mathrm{T}} \\
&= \boldsymbol{S}\left(\boldsymbol{A}\boldsymbol{A}^{-1}\right)\boldsymbol{K}_l\left(\boldsymbol{B}\boldsymbol{B}^{-1}\right)\boldsymbol{C}^{\mathrm{T}} \\
&= \tilde{\boldsymbol{S}}\tilde{\boldsymbol{K}}_l\tilde{\boldsymbol{C}}^{\mathrm{T}}
\end{aligned} \tag{4.89}
$$

式中，$\tilde{\boldsymbol{S}} = \boldsymbol{S}\boldsymbol{A}$，$\tilde{\boldsymbol{K}}_l = \boldsymbol{A}^{-1}\boldsymbol{K}_l\boldsymbol{B}$，$\tilde{\boldsymbol{C}}^{\mathrm{T}} = \boldsymbol{B}^{-1}\boldsymbol{C}^{\mathrm{T}}$。

如果要实现 $\tilde{\boldsymbol{K}}_l$ 对所有的 $l = 1, 2, \cdots, L$ 均为一个对角矩阵，这就要求 $\boldsymbol{A}$ 和 $\boldsymbol{B}$ 不能是任意的矩阵，它们要么是伸缩矩阵，要么是扩散矩阵。此时，$\boldsymbol{S}$ 和 $\boldsymbol{C}$ 分别与 $\tilde{\boldsymbol{S}}$ 和 $\tilde{\boldsymbol{C}}$ 相似。这样，基于 PARAFAC 模型的分解在本质上是唯一的。对于唯一性更为严格的证明可以参阅有关文献，在此不做深入讨论。

Kruskal 对三维数据的秩与解的唯一性问题进行了研究，给出了一个简单的判据，如下：

$$
k_1 + k_2 + k_3 \geqslant 2R + 2 \tag{4.90}
$$

式中，R 是体系的组分数；k_1、k_2 和 k_3 分别是三个载荷矩阵的秩。如果式（4.90）成立，则可从该三维数据中得到唯一解。使用该判据的前提条件是载荷矩阵中的因子形态应不同，否则不能保证得到唯一解。

对于化学系统而言，在某些情况下要满足式（4.90）的条件相对容易。例如，如果两个组分的化学性质相差较大，则其光谱形态和色谱形态也会相差较大，可以满足 $\boldsymbol{S}$ 和 $\boldsymbol{C}$ 的秩均为 2。而对于二组分系统，矩阵 $\operatorname{diag}(\boldsymbol{k}_l)$ 的秩为 2。这样，对于化学二组分系统，可以比较容易地满足式（4.90）的解的唯一性的要求。

这里要强调说明一下，唯一解的存在与如何得到这个唯一解是两个不同的问题。当前的很多算法都是基于优化某种目标函数的策略对唯一解进行估计，而由于当前的最优化方法均不能保证得到全局最优解，所以目前实际上并不能保证从三维数据阵列中得到体系的唯一解，或者说是化学意义上的真实解。

4.5.3 分辨算法

式（4.88）的 PARAFAC 模型通常采用交替最小二乘法求解，最初由 Harshman 提出。该法的一般原则是在给定其中的两个模式的载荷矩阵的情况下，用线性回归方法计算另外一个载荷矩阵。假定我们首先求解矩阵 $\boldsymbol{S}$，此时可以根据某种策略（如随机化）先给定 $\boldsymbol{K}_l$ 和 $\boldsymbol{C}$。将所有的切片做横向展开，可以得到如下的方程：

$$\boldsymbol{SH} = \boldsymbol{Z} \tag{4.91}$$

其中

$$\boldsymbol{H} = \left[\boldsymbol{K}_1\boldsymbol{C}^{\mathrm{T}}|\boldsymbol{K}_2\boldsymbol{C}^{\mathrm{T}}|\ldots|\boldsymbol{K}_L\boldsymbol{C}^{\mathrm{T}}\right] \tag{4.92}$$

$$\boldsymbol{Z} = [\boldsymbol{Y}_1|\boldsymbol{Y}_2|\ldots|\boldsymbol{Y}_L] \tag{4.93}$$

从式（4.91）解得

$$\boldsymbol{S} = \boldsymbol{ZH}^{+} \tag{4.94}$$

类似地，在解得的 $\boldsymbol{S}$ 和设定的 $\boldsymbol{K}_l$ 的基础上，可以解得 $\boldsymbol{C}$，这里不展示其细节，建议读者自己用笔在纸上写出详细的过程。在得到 $\boldsymbol{S}$ 和 $\boldsymbol{C}$ 的基础上，利用式（4.95）计算 $\boldsymbol{K}_l$：

$$\boldsymbol{K}_l = \mathrm{diag}\left(\boldsymbol{S}^{+}\boldsymbol{Y}_l\boldsymbol{C}^{+}\right) \qquad l = 1, 2, \cdots, L \tag{4.95}$$

对上述的步骤进行迭代处理，最终可以得到 $\boldsymbol{S}$、$\boldsymbol{C}$ 和 $\boldsymbol{K}_l$ 的解。采用这样的迭代过程，虽然不能保证收敛到全局最优点，但是可以对同一数据执行多次随机运算，如果最终的解没有显著性差别，则可认为求得的各载荷矩阵是合理的。

Bro 编写了一个 N 维分辨的软件包，可以从网上下载。不过，他编写的程序过于庞大，对于初学者而言不易看懂，这里给出一个 PARAFAC 的最简版本，以便学习之用，如程序示例 4.6 所示。

程序示例 4.6 parafac.m

```
1
2  ## Copyright (C)  Feng Gan <cesgf@mail.sysu.edu.cn;sysucesgf@163.com>
3  ##
4  ## This program is free software; you can redistribute it and/or modify
5  ## it under the terms of the GNU General Public License as published by
6  ## the Free Software Foundation; either version 2 of the License, or
7  ## (at your option) any later version.
8  ##
9  ## This program is distributed in the hope that it will be useful,
```

```
10  ## but WITHOUT ANY WARRANTY; without even the implied warranty of
11  ## MERCHANTABILITY or FITNESS FOR A PARTICULAR PURPOSE.  See the
12  ## GNU General Public License for more details.
13  ##
14  ## You should have received a copy of the GNU General Public License
15  ## along with this program; If not, see <http://www.gnu.org/licenses/>.
16
17  ## -*- texinfo -*-
18  ## @deftypefn {Function File} {[@var{A},@var{B},@var{C},@var{Res}]} = parafac ([@var{
        X_IJK},@var{pcn},@var{maxit},@var{tol}])
19  ## Parallel factor analysis (PARAFAC)
20  ##
21  ## This program is the simplest version of PARAFAC for beginner. The mathematical
22  ## model is X_k = A * C_k * B'. Only nonnegative constraints on the
23  ## all Modes are used.
24  ##
25  ## Input varibles
26  ## @itemize
27  ## @item
28  ## @code{X_IJK}  three-way data array. I and J are measuring chenel
29  ## and K is the number of occations.
30  ## @item
31  ## @code{pcn}    number of response species.
32  ## @item
33  ## @code{maxit}  maximum iteration number.
34  ## @item
35  ## @code{tol}    tolerence of convergence.
36  ## @end itemize
37  ##
38  ## Return values
39  ## @itemize
40  ## @item
41  ## @code{A}   loading matrix of A, it can be two-way excitation
42  ## fluorence matrix.
43  ## @item
44  ## @code{B}   loading matrix of B, it can be two-way emission
45  ## fluorence matrix.
46  ## @item
47  ## @code{C}   loading matrix of C, it is a concentration matrix. In
48  ## this program, the columns of C is the concentrations of the
49  ## species.
50  ## @item
51  ## @code{Res} residuals
52  ## @end itemize
53  ##
54  ## @seealso{functions
55  ## @end deftypefn
56
57  ## Author: Gan, F.
58  ## create date:     2017-07-22
59  ## latest revision: 2017-08-02
60
61
```

```
62  function [A,B,C,Res] = parafac(X_IJK,pcn,maxit,tol)
63
64    if (nargin < 4)
65      error ('Please see demo.');
66    endif
67
68    [I,J,K] = size(X_IJK);
69    X1 = [];
70    X2 = [];
71    A = [];
72    B = [];
73    C = [];
74    Res = [];
75    init_tol = sum(X_IJK(:));
76
77    ## string out each slabs of X_IJK horizontally and vectically, respectively.
78    for i = 1:K
79      X1 = [X1 X_IJK(:,:,i)];
80      X2 = [X2;X_IJK(:,:,i)];
81    endfor
82
83    ## initialize B and C
84    B = rand(J,pcn);
85    C = rand(pcn,K);    ## each column is the diagonal of a C_k.
86    ## you can also use following initialization for C.
87    for k = 1:K
88      [u,s,v] = svd(X_IJK(:,:,k));
89      ev = diag(s);
90      C(:,k) = ev(1:pcn);
91      C(:,k) = C(:,k) ./ norm(C(:,k));
92    endfor
93
94    ## iterative least squares
95    for i = 1:maxit
96
97      ## string out each of C_k * B' horizongtally.
98      CxB = [];
99      for k = 1:K
100       CxB = [CxB (diag(C(:,k)) * B')];
101     endfor
102     ## calculate A
103     A = X1 * CxB' * inv(CxB * CxB');
104
105     ## string out each of A * C_k vertically.
106     AxC = [];
107     for k = 1:K
108       AxC = [AxC;(A * diag(C(:,k)))];
109     endfor
110     ## calculate B
111     B = inv(AxC' * AxC) * AxC' * X2;
112     B = B';
113
114     ## normalize the columns of A and B into unit length.
```

```
115        for j = 1:pcn
116          A(:,j) = A(:,j) ./ norm(A(:,j));
117          B(:,j) = B(:,j) ./ norm(B(:,j));
118        endfor
119        ## calculate C_k
120        for k = 1:K
121          C_k = pinv(A,tol) * X_IJK(:,:,k) * pinv(B',tol);
122          C(:,k) = diag(C_k);
123        endfor
124
125        ## nonnagetive constraints.
126        A = abs(A);
127        B = abs(B);
128        C = abs(C);
129
130        ## calculate residuals
131        tmp = 0.0;
132        for k = 1:K
133          delta_X_k = A * diag(C(:,k)) * B' - X_IJK(:,:,k);
134          XxX = delta_X_k' * delta_X_k;
135          tmp = tmp + sum(XxX(:));
136        endfor
137        Res = [Res tmp];
138        printf('The residual = %f at %dth iteration.\n', Res(i), i);
139        tmp = (Res(i) - init_tol) / init_tol;
140
141        ## evalulate convergence
142        if (abs(tmp) < tol)
143          break;
144        else
145          init_tol = Res(i);
146        endif
147
148      endfor
149
150    endfunction
151
152    %!demo
153    %! load ./Data/X_IJK_1.mat; ## A simulated three-way data array with K slabs.
154    %! pcn = 3; maxit = 1000; tol = 1e-4;
155    %! [A,B,C,Res] = parafac(X_IJK,pcn,maxit,tol);
156    %! figure(1),clf('reset'),plot(A),title('Loading matrix of mode A');
157    %! figure(2),clf('reset'),plot(B),title('Loading matrix of mode B');
158    %! figure(3),clf('reset'),plot(C'),title('Loading matrix of mode C');
159    %! figure(4),clf('reset'),plot(Res),title('Residuals'),xlabel('Iteration number');
```

第 84 行和第 85 行是对变量进行随机化的初始化。实践表明，这种初始化过程往往会导致计算过程不稳定，因而在第 87 ~ 92 行补充了用了另一种初始化方案。读者可以去掉这部分，然后运行程序，比较两种情况下的计算结果。第 126 ~ 128 行是对迭代解进行非负约束。

4.5.4 数据预处理

数据的预处理通常指均值中心化和缩放，在第 3 章“3.1.1 数据预处理”做过讨论。我们曾经提及，对于化学数据而言，是否进行均值中心化处理和缩放处理应视具体情况而定。对于三维数据阵列而言，进行相关的数据预处理更应慎重，原因在于此时要面对的是多个测量对象的结果而不是同一个测量对象。所以，如果完全照搬二维数据的预处理方式，则不但会破坏原有数据的内在结构，甚至还会引入额外的干扰因素。

本书不对均值中心化和缩放做深入讨论，有兴趣者请参阅相关文献。

4.5.5 因子数的估计

判定 PARAFAC 模型因子数的方法主要有三类：① 参考所获得数据的外部知识；② 比较残差；③ 对半数据法。对于化学体系而言，第一类方法似乎较为合适。我们在研究一个化学体系时，往往会研究体系的纯组分的光谱特性和基体效应，由此也得到了体系实际有响应的组分数，这个组分数可作为模型的因子数。如果 PARAFAC 建模的目的是用于校正，则交互检验法可作为获得较优的因子数的有效方法。

通过因子数与残差的变化图去判定模型的因子数也是一种较为常用的方法。一般的判定原则是：当在某个因子数之后，残差即转入平台（或泥沼型）变化，即认为该因子数是正确的。如果知道测量体系的误差水平，则也可据此来判定因子数。

对半数据法是 Harshman 和 Lundy 提出的一种因子数判定方法，其做法是将数据集分成均等的两部分，然后对两部分分别进行 PARAFAC 分析。由于 PARAFAC 模型解的唯一性，只要因子数正确，则这两部分数据分辨得到的结果应该一致。

4.6 交替三线性分解

交替三线性分解（alternating trilinear decomposition，ATLD）是吴海龙等提出的一种三维数据分辨方法，其最初的目的是要解决传统的 PARAFAC 算法中存在的解不稳健及收敛慢的缺陷。除此之外，他们在三线性成分模型的图示方面做出了重大的突破，揭示了三线性成分模型的三维循环对称性。陈增萍等于 2000 年提出了自加权交替三线性分解（self-weighted alternating trilinear decomposition，SWATLD）的算法，使得三线性分解更为有效，对秩估计的要求更为宽泛。

4.6.1 三维循环对称性

在本节中，为了更一般性地讨论三线性分解，我们对载荷向量名和载荷矩阵名做了泛化处理，不再按照前面的表达。有了前面学习过程的铺垫，读者应该可以很容易理解。设用某种联用技术对 k 个样品进行了测量，第 k 个样品在第一分析通道的 i 处和第二分析通道的 j 处的信号强度值 x_{ijk} 可表示成如下的形式：

$$x_{ijk} = a_{i1}b_{j1}c_{k1} + a_{i2}b_{j2}c_{k2} + \ldots + a_{iP}b_{jP}c_{kP} + e_{ijk} \tag{4.96}$$

式中，P 是组分数；a_{i1} 是第一个组分在第一个分析通道 i 处的信号强度值；b_{j1} 是第一个组分在第二分析通道 j 处的信号强度值；c_{k1} 是第一个组分的浓度值；余者类推；e_{ijk} 是测量误差项。

图 4.24 为上述体系的三维数据阵列各维度的结构示意图。图 4.24(a) 是原始的测量数据视图，它实际上就是对 K 个样品进行测量得到的二维数据阵列的堆叠，每一个样品对应的二维光谱称为三维数据阵列的一个“切片”。图 4.24(b) 是对应于样品方向的切片，它们是最易于被我们所理解的结构形态，其数学模型为

$$\boldsymbol{X}_{..k} = \boldsymbol{A} \times \mathrm{diag}\,(\boldsymbol{C}_{k.}) \times \boldsymbol{B}^{\mathrm{T}} + \boldsymbol{E}_{..k} \qquad k = 1, 2, \cdots, K \tag{4.97}$$

式中，$\boldsymbol{A}$ 是 $I \times F$ 的矩阵；$\boldsymbol{B}$ 是 $J \times F$ 的矩阵；$\boldsymbol{C}$ 是 $K \times F$ 的矩阵。其中，I 和 J 是分析测量通道数，F 是组分数，K 是样本数。$\boldsymbol{A}$ 和 $\boldsymbol{B}$ 视具体的数据类型赋予其含义。例如，如果是采用了二维联用色谱技术，则二者可以分别为光谱形态矩阵和色谱形态矩阵；$\boldsymbol{C}$ 为浓度矩阵，它是一个对角阵，对角元素与组分的真实浓度值成比例，在式 (4.97) 中的下标表达强调其归属于某个样本。

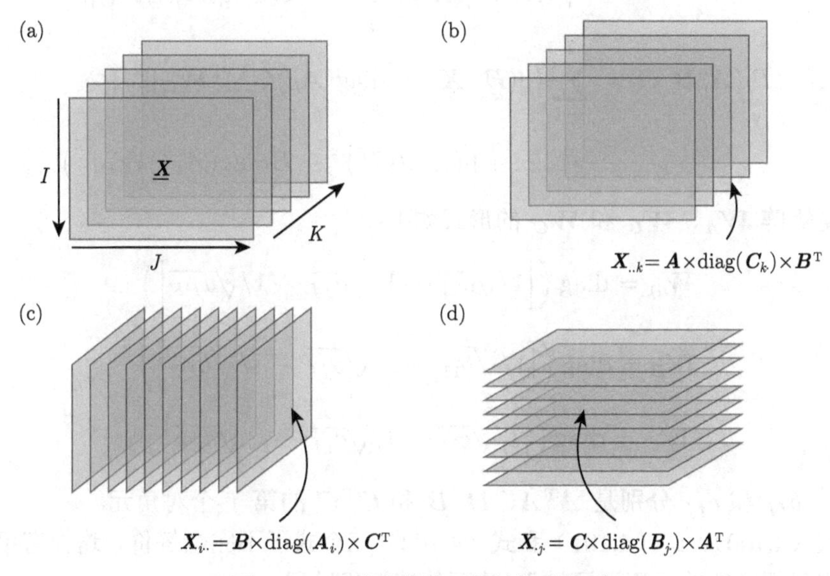

图 4.24　三维数据阵列的结构示意图

从式（4.96）中还可以看到 a、b 和 c 在数学上其实处于等同的地位。所以，如果按照如图 4.24(c) 所示对三维数据阵列在 J 的方向进行切片处理，对应的数学模型是

$$\boldsymbol{X}_{.j.} = \boldsymbol{C} \times \mathrm{diag}\,(\boldsymbol{B}_{j.}) \times \boldsymbol{A}^{\mathrm{T}} + \boldsymbol{E}_{.j.} \quad j = 1, 2, \cdots, J \tag{4.98}$$

类似地，如果按照如图 4.24(d) 所示对三维数据阵列在 I 的方向进行切片处理，则对应的数学模型是

$$\boldsymbol{X}_{i..} = \boldsymbol{B} \times \mathrm{diag}\,(\boldsymbol{A}_{i.}) \times \boldsymbol{C}^{\mathrm{T}} + \boldsymbol{E}_{i..} \qquad i = 1, 2, \cdots, I \tag{4.99}$$

从式（4.97）、式（4.98）和式（4.99）可以看到，三个方程本质上具有相同的形式，三个变量 $\boldsymbol{A}$、$\boldsymbol{B}$ 和 $\boldsymbol{C}$ 的位置可以轮换。三线性数据的这个特点最早被吴海龙揭示出来并称之为三维循环对称性。当前，这个特性已经成为一种共识，且可推广到更高维数的线性体系。

4.6.2 自加权目标函数

陈增萍等对交替三线性分解进行了深入的研究，发现以往的算法中的目标函数设置方式存在等价性，并认为是导致算法效率降低的原因之一。在此基础上，他提出了如下的目标函数：

$$F_1(\boldsymbol{A},\boldsymbol{B},\boldsymbol{C})=\sum_{k=1}^{K}\left(||(\boldsymbol{A}^{+}\boldsymbol{X}_{\cdot\cdot k}-\mathrm{diag}(\boldsymbol{C}_{k\cdot})\boldsymbol{B}^{\mathrm{T}})^{\mathrm{T}}\boldsymbol{W}_{\boldsymbol{B}}||^2+\cdots\right.$$
$$\left.\cdots+||(\boldsymbol{X}_{\cdot\cdot k}(\boldsymbol{B}^{\mathrm{T}})^{+}-\boldsymbol{A}\mathrm{diag}(\boldsymbol{C}_{k\cdot}))\boldsymbol{W}_{\boldsymbol{A}}||^2\right) \tag{4.100}$$

$$F_2(\boldsymbol{A},\boldsymbol{B},\boldsymbol{C})=\sum_{j=1}^{J}\left(||(\boldsymbol{C}^{+}\boldsymbol{X}_{\cdot j\cdot}-\mathrm{diag}(\boldsymbol{B}_{j\cdot})\boldsymbol{A}^{\mathrm{T}})^{\mathrm{T}}\boldsymbol{W}_{\boldsymbol{A}}||^2+\cdots\right.$$
$$\left.\cdots+||(\boldsymbol{X}_{\cdot j\cdot}(\boldsymbol{A}^{\mathrm{T}})^{+}-\boldsymbol{C}\mathrm{diag}(\boldsymbol{B}_{j\cdot}))\boldsymbol{W}_{\boldsymbol{C}}||^2\right) \tag{4.101}$$

$$F_3(\boldsymbol{A},\boldsymbol{B},\boldsymbol{C})=\sum_{i=1}^{I}\left(||(\boldsymbol{B}^{+}\boldsymbol{X}_{i\cdot\cdot}-\mathrm{diag}(\boldsymbol{A}_{i\cdot})\boldsymbol{C}^{\mathrm{T}})^{\mathrm{T}}\boldsymbol{W}_{\boldsymbol{C}}||^2+\cdots\right.$$
$$\left.\cdots+||(\boldsymbol{X}_{i\cdot\cdot}(\boldsymbol{C}^{\mathrm{T}})^{+}-\boldsymbol{B}\mathrm{diag}(\boldsymbol{A}_{i\cdot}))\boldsymbol{W}_{\boldsymbol{B}}||^2\right) \tag{4.102}$$

这里，权重矩阵 $\boldsymbol{W}_{\boldsymbol{A}}$、$\boldsymbol{W}_{\boldsymbol{B}}$ 和 $\boldsymbol{W}_{\boldsymbol{C}}$ 的形式如下：

$$\boldsymbol{W}_{\boldsymbol{A}}=\mathrm{diag}\left(\left[1/\sqrt{a_{11}}\cdots1/\sqrt{a_{ff}}\cdots1/\sqrt{a_{FF}}\right]\right) \tag{4.103}$$

$$\boldsymbol{W}_{\boldsymbol{B}}=\mathrm{diag}\left(\left[1/\sqrt{b_{11}}\cdots1/\sqrt{b_{ff}}\cdots1/\sqrt{b_{FF}}\right]\right) \tag{4.104}$$

$$\boldsymbol{W}_{\boldsymbol{C}}=\mathrm{diag}\left(\left[1/\sqrt{c_{11}}\cdots1/\sqrt{c_{ff}}\cdots1/\sqrt{c_{FF}}\right]\right) \tag{4.105}$$

式中，a_{ff}、b_{ff} 和 c_{ff} 分别是 $\boldsymbol{A}^{\mathrm{T}}\boldsymbol{A}$、$\boldsymbol{B}^{\mathrm{T}}\boldsymbol{B}$ 和 $\boldsymbol{C}^{\mathrm{T}}\boldsymbol{C}$ 的第 f 个对角元。

由于式（4.100）、式（4.101）和式（4.102）三个式子不完全等价，这样有可能使得迭代过程跳出目标函数的“沼泽区域”，从而加速迭代过程。

4.6.3 SWATLD 算法

SWATLD 的主要内容如示意算法 **2** 所示。整个的计算过程非常简洁，主要包含三个载荷矩阵的交替计算。算法中的其他辅助部分未有列出。

算法 2 自加权交替三线性分解算法

1: **procedure** SELF WEIGTED ALTERNATIVE TRILINEAR DECOMPOSITION
2: 初始化 $\boldsymbol{A}$ 和 $\boldsymbol{B}$ 为随机矩阵。
3: **while** (未收敛) **do** ▷ 或者未达到最大迭代次数。
4: $\boldsymbol{C}_{k\cdot}=\frac{1}{2}\mathrm{diag}\left(\mathrm{diag}(\boldsymbol{B}^{+}\boldsymbol{X}_{\cdot\cdot k}^{\mathrm{T}}\boldsymbol{A})./\mathrm{diag}(\boldsymbol{A}^{\mathrm{T}}\boldsymbol{A})+\mathrm{diag}(\boldsymbol{A}^{+}\boldsymbol{X}_{\cdot\cdot k}\boldsymbol{B})./\mathrm{diag}(\boldsymbol{B}^{\mathrm{T}}\boldsymbol{B})\right)$
5: $\boldsymbol{B}_{j\cdot}=\frac{1}{2}\mathrm{diag}\left(\mathrm{diag}(\boldsymbol{A}^{+}\boldsymbol{X}_{\cdot j\cdot}^{\mathrm{T}}\boldsymbol{C})./\mathrm{diag}(\boldsymbol{C}^{\mathrm{T}}\boldsymbol{C})+\mathrm{diag}(\boldsymbol{C}^{+}\boldsymbol{X}_{\cdot j\cdot}\boldsymbol{A})./\mathrm{diag}(\boldsymbol{A}^{\mathrm{T}}\boldsymbol{A})\right)$
6: $\boldsymbol{A}_{i\cdot}=\frac{1}{2}\mathrm{diag}\left(\mathrm{diag}(\boldsymbol{C}^{+}\boldsymbol{X}_{i\cdot\cdot}^{\mathrm{T}}\boldsymbol{B})./\mathrm{diag}(\boldsymbol{B}^{\mathrm{T}}\boldsymbol{B})+\mathrm{diag}(\boldsymbol{B}^{+}\boldsymbol{X}_{i\cdot\cdot}\boldsymbol{C})./\mathrm{diag}(\boldsymbol{C}^{\mathrm{T}}\boldsymbol{C})\right)$

根据算法 **2** 可以写出自加权交替三线性分解算法的程序，如程序示例 4.7 所示。程序中的第 82 行、第 90 行和第 102 行是对三维数据阵列沿三个方向分别做切片处理，注意：原始数据是将二维响应矩阵按照列从上到下排列的。程序中的第 91 行和第 100 行分别对载荷矩阵 $\boldsymbol{B}$ 和 $\boldsymbol{A}$ 做列归一化处理。

程序示例 4.7　swatld.m

```
1
2   ## Copyright (C) Feng Gan <cesgf@mail.sysu.edu.cn;sysucesgf@163.com>
3   ##
4   ## This program is free software; you can redistribute it and/or modify
5   ## it under the terms of the GNU General Public License as published by
6   ## the Free Software Foundation; either version 2 of the License, or
7   ## (at your option) any later version.
8   ##
9   ## This program is distributed in the hope that it will be useful,
10  ## but WITHOUT ANY WARRANTY; without even the implied warranty of
11  ## MERCHANTABILITY or FITNESS FOR A PARTICULAR PURPOSE.  See the
12  ## GNU General Public License for more details.
13  ##
14  ## You should have received a copy of the GNU General Public License
15  ## along with this program; If not, see <http://www.gnu.org/licenses/>.
16
17  ## -*- texinfo -*-
18  ## @deftypefn {Function File} {[@var{A},@var{B},@var{C},@var{res}]} = swatld ([@var{X},
        @var{pnc},@var{K},@var{tol},@{itmax}])
19  ## Self-weighted Alternating Trilinear Decomposition (SWATLD)
20  ##
21  ## Reference:
22  ## Chen, Z.P.; Wu, H. L.; Jiang, J. H.; Li, Y. & Yu, R. Q. A novel trilinear
        decomposition algorithm for second-order linear calibration Chemometrics and
        Intelligent Laboratory Systems, 2000 , 52 , 75-86.
23  ##
24  ## Input arguments:
25  ##
26  ## @itemize
27  ## @item
28  ## @code{X}   --- column-wise collapsed three-way array.
29  ## @item
30  ## @code{pnc} --- potential number of component.
31  ## @item
32  ## @code{K}   --- K is the number of measured two-way data array.
33  ## @item
34  ## @code{tol}   --- tolerence of convergence
35  ## @item
36  ## @code{itmax} --- maximum iteration number
37  ## @end itemize
38  ##
39  ## Return values
40  ##
41  ## @itemize
42  ## @code{A}   --- loading matrix of mode A.
43  ## @item
```

```
44  ## @code{B}   --- loading matrix of mode B.
45  ## @item
46  ## @code{C}   --- loading matrix of mode C.
47  ## @item
48  ## @code{res} --- residuals in the iterations.
49  ## @end itemize
50  ##
51  ## @seealso{functions}
52  ## @end deftypefn
53
54  ## Author:  Gan, F.
55  ## create date:     2018-01-11
56  ## latest revision: 2018-01-11
57  ##
58  ## This program is revised from the swatld.m provided by Prof. Chen,Z.P.
59  ##
60  function [A,B,C,res] = swatld(X,pnc,K,tol,itmax)
61
62    ## dimensions
63    [m,n] = size(X)
64    I = m/K;
65    J = n;
66
67    ## initialization
68    A = rand(I,pnc);
69    B = rand(J,pnc);
70    C = rand(K,pnc);
71    res = 1.0;
72    it = 1;
73    err = 1.0
74    e = 1e-6;
75    while (err > tol && it < itmax)
76      tol_0 = res(it);
77      ## iteration on K slabs
78      for k = 1:K
79        X_k = X(((k-1)*I+1):(k*I),:);
80        C_1 = diag(pinv(A,e) * X_k * B)  ./ diag(B'*B);
81        C_2 = diag(pinv(B,e) * X_k' * A) ./ diag(A'*A);
82        C(k,:) = (C_1' + C_2') / 2.0;
83        C(k,:) = max(C(k,:),0);
84      endfor
85      ## iteration on J slabs
86      for j = 1:J
87        X_j = reshape(X(:,j),I,K);
88        B_1 = diag(pinv(A,e) * X_j * C)  ./ diag(C' * C);
89        B_2 = diag(pinv(C,e) * X_j' * A) ./ diag(A' * A);
90        B(j,:) = (B_1' + B_2') / 2.0;
91        B(j,:) = max(B(j,:));
92      endfor
93      ## normalization
94      B = B * diag(1./(sqrt(diag(B'*B) + (diag(B'*B)==0))));
95      ## iteration on I slabs
96      for i = 1:I
```

```
97          X_i = X(i:I:I*K,:);
98          A_1 = diag(pinv(C,e) * X_i * B)  ./ diag(B'*B);
99          A_2 = diag(pinv(B,e) * X_i' * C) ./ diag(C'*C);
100         A(i,:) = (A_1' + A_2') / 2.0;
101         A(i,:) = max(A(i,:),0);
102       endfor
103       ## normalization
104       A = A * diag(1./(sqrt(diag(A'*A) + (diag(A'*A)==0))));
105       ## calculate the residuals
106       tmp = 0;
107       for k = 1:K
108         tmp1 = A * diag(C(k,:)) * B' - X((k-1)*I+1:k*I,:);
109         tmp2 = tmp1 .* tmp1;
110         tmp = tmp + sum(tmp2(:));
111       endfor
112       res = [res tmp];
113       it = it + 1;
114       err = abs((res(it) - res(it-1)) / res(it-1));
115
116     endwhile
117
118   endfunction
119
120   %!demo
121   %! [X_IJK,XIJK_rowwise,XIJK_colwise,A0,B0,C0] = simu3d(80,80,6,3,'fluo3');
122   %! [A,B,C,res]=swatld(XIJK_colwise,4,18,1e-4,200);
123   %! figure(1),clf('reset');
124   %! plot(A)
125   %! figure(1),clf('reset');
126   %! plot(A);
127   %! figure(2),clf('reset');
128   %! plot(B)
129   %! figure(3),clf('reset');
130   %! plot(C)
131   %! figure(4),clf('reset');
132   %! plot(res(2:end))
```

第 82 行、第 90 行和第 100 行引入了负值置零操作。实际应用中发现，这种置零操作对于某些实际数据是有必要的。读者可以根据具体情况保留此操作或者注销它们。

第 5 章 多元校正

5.1 多元线性回归

多元线性回归可视为对一元线性回归的一个直接推广，它采用了多变量而非单一变量进行建模和预测。多元线性回归在化学领域采用多波长测量值而非单波长测量值进行建模和预测。多波长测量相对于单波长测量而言，其所包含的信息量显然更多，更有利于定量分析。但是，多波长的引入也可能引入冗余信息，有时候也会影响定量分析结果的准确度。所以，实际应用时需要慎重对待多元线性回归方法。

5.1.1 模型

在第 1 章已经将朗伯-比尔定律拓展到了多组分、多波长情形，直接应用数学中的多元线性回归理论可以基于前述的模型进行定量分析。但是，前述的模型在计算过程中涉及两次矩阵求逆，不但计算成本较大，还因可能存在的谱相似问题而导致亏秩。所以，当前用于定量分析采用的是直接定量模型，即以浓度（或其他属性）为因变量的模型。为了更为直观，这里从朗伯-比尔定律来重新演绎一次，使初学者易于理解。

假定一个包含组分 A 的稀溶液，其浓度为 c，在波长点 λ 处对该体系进行测量，得到信号强度 y，根据朗伯-比尔定律有

$$y_\lambda = s_\lambda c + e_\lambda \tag{5.1}$$

式（5.1）可以改写成为

$$c = y_\lambda \times \frac{1}{s_\lambda} + e_\lambda \times \frac{1}{s_\lambda} = y_\lambda \alpha_\lambda + \varepsilon_\lambda \tag{5.2}$$

式中，$\varepsilon_\lambda = e_\lambda \times \dfrac{1}{s_\lambda}$，是与随机误差相关联的项，通常假设其为零均值、等方差分布。所以，在上述的移项操作中，可以不必关注其正负号问题。

如果在 n 个波长点对该样品进行独立测量，则可得到 n 个形如式（5.2）的式子，对应着 n 个浓度值 c，它们的均值可表示真实值，因而

$$c = \boldsymbol{y}^{\mathrm{T}} \times \frac{\boldsymbol{\alpha}}{n} + \boldsymbol{\varepsilon}^{\mathrm{T}} \times \frac{\mathbf{1}}{n} \tag{5.3}$$

式中，$\mathbf{1}$ 表示由 1 构成的列向量。我们可以将式（5.3）用于描述包含组分 A 的不同浓度值 c_1，c_2，$\cdots$，c_m 的样品系列，则

$$\boldsymbol{c} = \boldsymbol{Y}\boldsymbol{\beta} + \boldsymbol{e} \tag{5.4}$$

式中，$\boldsymbol{Y}$ 的每一行对应着一个样品的光谱向量；$\boldsymbol{\beta}=\boldsymbol{\alpha}/n$，是系数向量，$\boldsymbol{e}=\boldsymbol{\varepsilon}^{\mathrm{T}}/n$，是随机误差向量。

式（5.4）也是一般线性回归的数学模型。在这个模型中，$\boldsymbol{c}$ 虽然用浓度来表示，但它也可泛指一般的属性。对于定量分析而言，采用式（5.4）的模型比传统的从朗伯-比尔定律构建的模型更直接，在预测未知样品的浓度时更方便。

5.1.2　建立回归方程

建立回归方程的过程，实际上就是求系数向量 $\boldsymbol{\beta}$ 的过程。为此，首先要构建一个标准浓度系列 c_1，c_2，$\cdots$，c_m，然后测量标准浓度系列中的所有样品得到一系列光谱，将它们构成一个训练光谱集，用矩阵 $\boldsymbol{Y}$ 表示，其数据形式如表 5.1 所示。

表 5.1　多元线性回归数据格式

标准样本	浓度	光谱			
1	c_1	Y_{11}	Y_{12}	$\cdots$	Y_{1n}
2	c_2	Y_{21}	Y_{22}	$\cdots$	Y_{2n}
$\vdots$	$\vdots$	$\vdots$	$\vdots$		$\vdots$
m	c_m	Y_{m1}	Y_{m2}	$\cdots$	Y_{mn}

为了建立稳健的回归方程，还需要满足如下几个条件：① $\boldsymbol{c}$ 与 $\boldsymbol{Y}$ 之间存在真实的线性关系；② 各标准样品之间相互独立；③ 测量误差满足零均值、等方差，即 $E(\boldsymbol{e})=0$ 和 $\mathrm{Cov}(\boldsymbol{e})=\sigma^2$。

与建立一元线性回归方程类似，构建误差平方和：

$$\rho=\boldsymbol{e}^{\mathrm{T}}\boldsymbol{e}=(\boldsymbol{c}-\boldsymbol{Y}\boldsymbol{\beta})^{\mathrm{T}}(\boldsymbol{c}-\boldsymbol{Y}\boldsymbol{\beta}) \tag{5.5}$$

将式（5.5）中的 ρ 对 $\boldsymbol{\beta}$ 求导，得到

$$\begin{aligned}
\frac{\partial\rho}{\partial\boldsymbol{\beta}}&=\frac{\partial\left[(\boldsymbol{c}-\boldsymbol{Y}\boldsymbol{\beta})^{\mathrm{T}}(\boldsymbol{c}-\boldsymbol{Y}\boldsymbol{\beta})\right]}{\partial\boldsymbol{\beta}}\\
&=\frac{\partial\left[\left(\boldsymbol{c}^{\mathrm{T}}-\boldsymbol{\beta}^{\mathrm{T}}\boldsymbol{Y}^{\mathrm{T}}\right)(\boldsymbol{c}-\boldsymbol{Y}\boldsymbol{\beta})\right]}{\partial\boldsymbol{\beta}}\\
&=\frac{\partial\left(\boldsymbol{c}^{\mathrm{T}}\boldsymbol{c}-\boldsymbol{\beta}^{\mathrm{T}}\boldsymbol{Y}^{\mathrm{T}}\boldsymbol{c}-\boldsymbol{c}^{\mathrm{T}}\boldsymbol{Y}\boldsymbol{\beta}+\boldsymbol{\beta}^{\mathrm{T}}\boldsymbol{Y}^{\mathrm{T}}\boldsymbol{Y}\boldsymbol{\beta}\right)}{\partial\boldsymbol{\beta}}\\
&=\frac{\partial\left(\boldsymbol{c}^{\mathrm{T}}\boldsymbol{c}\right)}{\partial\boldsymbol{\beta}}-\frac{\partial\left(\boldsymbol{\beta}^{\mathrm{T}}\boldsymbol{Y}^{\mathrm{T}}\boldsymbol{c}\right)}{\partial\boldsymbol{\beta}}-\frac{\partial\left(\boldsymbol{c}^{\mathrm{T}}\boldsymbol{Y}\boldsymbol{\beta}\right)}{\partial\boldsymbol{\beta}}+\frac{\partial\left(\boldsymbol{\beta}^{\mathrm{T}}\boldsymbol{Y}^{\mathrm{T}}\boldsymbol{Y}\boldsymbol{\beta}\right)}{\partial\boldsymbol{\beta}}\\
&=0-\boldsymbol{Y}^{\mathrm{T}}\boldsymbol{c}-\boldsymbol{Y}^{\mathrm{T}}\boldsymbol{c}+\boldsymbol{Y}^{\mathrm{T}}\boldsymbol{Y}\boldsymbol{\beta}+\boldsymbol{Y}^{\mathrm{T}}\boldsymbol{Y}\boldsymbol{\beta}\\
&=-2\boldsymbol{Y}^{\mathrm{T}}\boldsymbol{c}+2\boldsymbol{Y}^{\mathrm{T}}\boldsymbol{Y}\boldsymbol{\beta}
\end{aligned} \tag{5.6}$$

设 $\boldsymbol{\beta}$ 值为 $\hat{\boldsymbol{\beta}}$ 时，误差平方和最小，即 $\left.\dfrac{\partial\rho}{\partial\boldsymbol{\beta}}\right|_{\boldsymbol{\beta}=\hat{\boldsymbol{\beta}}}=0$，解得

$$\hat{\boldsymbol{\beta}}=\left(\boldsymbol{Y}^{\mathrm{T}}\boldsymbol{Y}\right)^{-1}\boldsymbol{Y}^{\mathrm{T}}\boldsymbol{c} \tag{5.7}$$

式(5.7)即为基于模型式(5.4)的参数 $\boldsymbol{\beta}$ 的最小二乘估计。采用此参数时的回归方程为

$$\hat{\boldsymbol{c}} = \boldsymbol{Y}\hat{\boldsymbol{\beta}} \tag{5.8}$$

式中，$\hat{\boldsymbol{c}}$ 称为浓度向量的拟合值，拟合残差为

$$\boldsymbol{\varepsilon} = \boldsymbol{c} - \hat{\boldsymbol{c}} \tag{5.9}$$

利用拟合残差，可以对 σ^2 进行估计：

$$\hat{\sigma}^2 = s_{\mathrm{e}}^2 = \frac{\boldsymbol{\varepsilon}^{\mathrm{T}}\boldsymbol{\varepsilon}}{m-n-1} \tag{5.10}$$

式中，s_{e} 称为测量的标准误差。

计算 $\hat{\boldsymbol{\beta}}$ 时可直接基于式（5.7），在 Octave 中的代码如下：

```
hat_beta = inv(Y' * Y) * Y' * c;
```

在上述的运算中，涉及对矩阵变量 Y 的转置相乘运算和求逆运算，需要花费较多的时间和较大的内存，计算速度也很慢，特别是对于大型数据。所以，早期在解多元线性回归问题时采用了一种称为 QR 分解的算法，较好地解决了这些问题。先将 $\boldsymbol{Y}$ 做如下分解：

$$\boldsymbol{Y} = \boldsymbol{QR} \tag{5.11}$$

式中，$\boldsymbol{Q}$ 是列正交矩阵；$\boldsymbol{R}$ 是上三角矩阵。由此得到：

$$\boldsymbol{\varepsilon} = \boldsymbol{c} - \boldsymbol{Y\beta} = \boldsymbol{Q}(\boldsymbol{Q}^{\mathrm{T}}\boldsymbol{c} - \boldsymbol{R\beta}) \tag{5.12}$$

由于

$$\boldsymbol{Q}^{\mathrm{T}}\boldsymbol{c} - \boldsymbol{R\beta} = \begin{bmatrix} \boldsymbol{Q}_1^{\mathrm{T}} \\ \boldsymbol{Q}_2^{\mathrm{T}} \end{bmatrix} \boldsymbol{c} - \begin{bmatrix} \boldsymbol{R}_1 \\ \boldsymbol{0} \end{bmatrix} \boldsymbol{\beta} = \begin{bmatrix} \boldsymbol{Q}_1^{\mathrm{T}}\boldsymbol{c} - \boldsymbol{R}_1\boldsymbol{\beta} \\ \boldsymbol{Q}_2^{\mathrm{T}}\boldsymbol{c} \end{bmatrix} \tag{5.13}$$

其中，$\boldsymbol{Q}_1$ 是由 $\boldsymbol{Q}$ 前 n 列组成；$\boldsymbol{R}_1$ 是 $n \times n$ 的上三角矩阵。所以

$$\begin{aligned} \boldsymbol{\varepsilon}^{\mathrm{T}}\boldsymbol{\varepsilon} &= \begin{bmatrix} \boldsymbol{Q}_1^{\mathrm{T}}\boldsymbol{c} - \boldsymbol{R}_1\boldsymbol{\beta} \\ \boldsymbol{Q}_2^{\mathrm{T}}\boldsymbol{c} \end{bmatrix}^{\mathrm{T}} \begin{bmatrix} \boldsymbol{Q}_1^{\mathrm{T}}\boldsymbol{c} - \boldsymbol{R}_1\boldsymbol{\beta} \\ \boldsymbol{Q}_2^{\mathrm{T}}\boldsymbol{c} \end{bmatrix} \\ &= \left(\boldsymbol{Q}_1^{\mathrm{T}}\boldsymbol{c} - \boldsymbol{R}_1\boldsymbol{\beta}\right)^{\mathrm{T}} \left(\boldsymbol{Q}_1^{\mathrm{T}}\boldsymbol{c} - \boldsymbol{R}_1\boldsymbol{\beta}\right) + \left(\boldsymbol{Q}_2^{\mathrm{T}}\boldsymbol{c}\right)^{\mathrm{T}} \left(\boldsymbol{Q}_2^{\mathrm{T}}\boldsymbol{c}\right) \\ &\geqslant \left(\boldsymbol{Q}_2^{\mathrm{T}}\boldsymbol{c}\right)^{\mathrm{T}} \left(\boldsymbol{Q}_2^{\mathrm{T}}\boldsymbol{c}\right) \end{aligned} \tag{5.14}$$

当 $\boldsymbol{Q}_1^{\mathrm{T}}\boldsymbol{c} - \boldsymbol{R}_1\hat{\boldsymbol{\beta}} = 0$ 时取得最小值。所以

$$\hat{\boldsymbol{\beta}} = \boldsymbol{R}_1^{-1}\boldsymbol{R}_1^{\mathrm{T}}\boldsymbol{c} \tag{5.15}$$

由于 QR 分解是相对高效的矩阵分解方法，因而采用式（5.15）求解系数向量 $\boldsymbol{\beta}$ 实际上是许多回归程序中的常用方法。Octave 提供了用于多元回归的函数 regress，其中就采用 QR 分解算法。

5.1.3 回归系数的假设检验

在多元回归中，回归系数 $\boldsymbol{\beta}$ 具有非常重要的地位。如果某个变量与属性值之间的线性关系确实存在，则 $\boldsymbol{\beta}$ 向量对应于该变量的元素也应该是显著大于零的值，因而在计算出回归系数之后，还需要对回归系数做出检验。

在 $\boldsymbol{e}$ 满足 $N(0,\sigma^2)$ 的情况下，$\hat{\boldsymbol{\beta}}$ 是对 $\boldsymbol{\beta}$ 的无偏估计，即

$$E(\hat{\boldsymbol{\beta}})=\boldsymbol{\beta} \tag{5.16}$$

并且，$\hat{\boldsymbol{\beta}}$ 的方差为

$$\operatorname{Var}(\hat{\boldsymbol{\beta}})=\hat{\sigma}^2\left(\boldsymbol{Y}^{\mathrm{T}}\boldsymbol{Y}\right)^{-1}=\hat{\sigma}^2\boldsymbol{G} \tag{5.17}$$

式中，$\boldsymbol{G}=\left(\boldsymbol{Y}^{\mathrm{T}}\boldsymbol{Y}\right)^{-1}$。在所有的线性估计中，最小二乘估计具有最小方差，因而 $\hat{\boldsymbol{\beta}}$ 也称为是 $\boldsymbol{\beta}$ 的最好线性无偏估计量（best linear unbiased estimator, BLUE）。

向量 $\hat{\boldsymbol{\beta}}$ 符合 $n+1$ 维的正态分布，均值为 $\boldsymbol{\beta}$ 且方差为 $\hat{\sigma}^2\boldsymbol{G}$。$\hat{\beta}_i$ 的标准误差为

$$s_{(\hat{\beta}_i)}=\hat{\sigma}\sqrt{g_{ii}} \tag{5.18}$$

式中，g_{ii} 是 $\boldsymbol{G}$ 的第 i 个对角元。$\hat{\beta}_i$ 与 $\hat{\beta}_j$ 的协方差为 $\operatorname{Cov}(\hat{\beta}_i,\hat{\beta}_j)=\hat{\sigma}^2 g_{ij}$。

类似地，要检验 $\hat{\beta}_i$ 是否显著地大于零，我们可以设定原假设 $H_0:\hat{\beta}_i=0$ 和备择假设 $H_1:\hat{\beta}_i\neq 0$。检验的统计量为

$$t_i=\frac{\hat{\beta}_i}{s_{(\hat{\beta}_i)}} \tag{5.19}$$

如果 $t_i>t_{(0.05/2,m-n-1)}$，则拒绝原假设。

这里要说明的是，regress 函数中并未直接提供对 $\boldsymbol{\beta}$ 的检验，而只提供其置信区间。由于置信区间的计算实际上也是基于 t 值，因而其结果也是等同于做了 t 检验。

除此之外，多元回归的效果还可以用 $\boldsymbol{c}$ 与 $\hat{\boldsymbol{c}}$ 之间的散点图以及二者之间的相关系数来评判。相关系数的定义如下：

$$\operatorname{Cor}(\boldsymbol{c},\hat{\boldsymbol{c}})=\frac{\sum\limits_{i=1}^{m}\left(c_i-\bar{c}\right)\left(\hat{c}_i-\bar{\hat{c}}\right)}{\sqrt{\sum\limits_{i=1}^{m}\left(c_i-\bar{c}\right)^2\sum\limits_{i=1}^{m}\left(\hat{c}_i-\bar{\hat{c}}\right)^2}} \tag{5.20}$$

式中，$\bar{c}$ 是响应值的均值；$\bar{\hat{c}}$ 是预测值的均值。与一元线性回归类似，决定系数 $R^2=(\operatorname{Cor}(\boldsymbol{c},\hat{\boldsymbol{c}}))^2$，可表达如下：

$$R^2=\frac{\mathrm{SSR}}{\mathrm{SST}}=1-\frac{\mathrm{SSE}}{\mathrm{SST}}=1-\frac{\sum\limits_{i=1}^{m}(c_i-\hat{c}_i)^2}{\sum\limits_{i=1}^{m}(c_i-\bar{c})^2} \tag{5.21}$$

因而，R^2 可解释为响应变量 c 中可被预测变量 y_1，y_2，…，y_n 解释的部分；SSR 是回归平方和；SST 是总平方和；SSE 是残差平方和。

另一个与 R^2 相关的变量是调整的 R^2（adjusted R-squared），有时候用于具有不同数目预测变量的模型之间的比较，其定义如下：

$$R_{\mathrm{a}}^2 = 1 - \frac{\mathrm{SSE}/(m-n-1)}{\mathrm{SST}/(m-1)} = 1 - \frac{m-1}{m-n-1}\left(1-R^2\right) \tag{5.22}$$

这里我们提供一个基于多元回归分析的程序，供学习之用，如程序示例 5.1 所示。

程序示例 5.1　多元回归建模程序

```
1  ## Copyright (C)  Feng Gan <cesgf@mail.sysu.edu.cn;sysucesgf@163.com>
2  ##
3  ## This program is free software; you can redistribute it and/or modify
4  ## it under the terms of the GNU General Public License as published by
5  ## the Free Software Foundation; either version 2 of the License, or
6  ## (at your option) any later version.
7  ##
8  ## This program is distributed in the hope that it will be useful,
9  ## but WITHOUT ANY WARRANTY; without even the implied warranty of
10 ## MERCHANTABILITY or FITNESS FOR A PARTICULAR PURPOSE.  See the
11 ## GNU General Public License for more details.
12 ##
13 ## You should have received a copy of the GNU General Public License
14 ## along with this program; If not, see <http://www.gnu.org/licenses/>.
15
16 ## -*- texinfo -*-
17 ## @deftypefn {Function File} {[hat_beta,s_e,R2,Ra2] = } multivarlinearfit (c,Y,alpha)
18 ## Multivariate Linear Fitting for c = Yb + e
19 ##
20 ## Input
21 ## @itemize
22 ## @item
23 ##    c     --- response variable
24 ## @item
25 ##    Y     --- predictor variables
26 ## @item
27 ##    alpha --- significant level.
28 ## @end itemize
29 ## Output
30 ## @itemize
31 ## @item
32 ##    hat_b --- estimated beta
33 ## @item
34 ##    s_e   --- standard error of response
35 ## @item
36 ##    R2    --- correlation coefficient
37 ## @item
38 ##    Ra2   --- adjusted R2
39 ## @end itemize
40 ##
41 ## @end deftypefn
42
43 ## Author:  Feng Gan
```

```
44  ## Latest Revision: 2015-10-12
45  ## Create date: 2015-07-09
46
47
48  function [hat_beta,s_e,R2,Ra2] = multivarlinearfit(c,Y,alpha)
49
50    if (nargin < 2 || nargin > 3)
51      error("Input variable must be two or three.");
52    endif
53
54    if (!isvector(c))
55      error("c must be a numeric vector.");
56    endif
57    if (!ismatrix(Y))
58      error ("Y must be a numberic matrix.");
59    endif
60
61    if (rows(c) != rows(Y))
62      error("c and Y must contain the same number of rows.");
63    endif
64
65    if (nargin < 3)
66      alpha = 0.05;
67    elseif (!isscalar(alpha))
68      error("alpha must be a scalar value")
69    endif
70
71    m = rows(Y);
72    n = columns(Y) - 1;
73
74    [Q,R] = qr(Y,0);
75    hat_beta = inv(R) * Q' * c;
76    hat_c = Y * hat_beta;
77    e = c - hat_c;
78    s_e = sqrt(sum(e.*e)/(m - n - 1));
79    printf("\nThe multivariate linear regression equation is:\n");
80    eq_string = "c = ";
81    for i = 1:length(hat_beta)
82      if i < 2
83        eq_string = [eq_string num2str(hat_beta(1))];
84      else
85        if hat_beta(i) > 0
86          eq_string = [eq_string ' + ' num2str(hat_beta(i),"%0.3f") 'y_' num2str(i-1)];
87        else
88          eq_string = [eq_string ' - ' num2str(abs(hat_beta(i)),"%0.3f") 'y_' num2str(i-1)
              ];
89        endif
90      endif
91    end
92    printf(eq_string); printf("\n");
93    printf("The standard error (s.e.) = %0.3f\n",s_e);
94
95    var_hat_beta = diag(s_e^2 * inv(Y'*Y));
```

```
96    se_hat_beta = sqrt(var_hat_beta);
97    t_hat_beta = hat_beta ./ se_hat_beta;
98    df = m - n - 1;
99    p_val = 1 - tcdf(abs(t_hat_beta),df);
100   p_val = 2.0 * p_val;
101
102   R2 = 1 - sum((c - hat_c) .* (c - hat_c))/sum((c - mean(c)) .* (c - mean(c)));
103   Ra2 = 1 - (m - 1) * (1 - R2) / (m - n - 1);
104
105   var_string = {'Const.' 'y'};
106   printf("\nMultivariate linear regression Output\n");
107   printf("------------------------------------------------------------\n");
108   printf("Variable    Coeff.    s.e.        t          p-value \n");
109   printf("------------------------------------------------------------\n");
110   for i = 1:length(hat_beta)
111     if i == 1
112       printf("%s      %3.3f      %3.3f      %3.3f      %3.3f      %3.3f", var_string{1},
          hat_beta(i), se_hat_beta(i), t_hat_beta(i), p_val(i));
113     else
114       printf("\n%s          %3.3f      %3.3f      %3.3f      %3.3f      %3.3f", [var_string
          {2} '_' num2str(i-1)], hat_beta(i), se_hat_beta(i), t_hat_beta(i), p_val(i));
115     endif
116   end
117   printf("\n------------------------------------------------------------\n");
118   printf("m = %d  R^2 = %2.3f  Ra^2 = %2.3f  s.e. = %2.3f   d.f. = %d \n",m,R2,Ra2,s_e,df
      );
119   printf("------------------------------------------------------------\n\n");
120
121 endfunction
122
123 %!demo
124 %! load ./Data/cement.mat;
125 %! c = Y(:,end);
126 %! X = [ones(rows(Y),1) Y(:,2:end-1)];
127 %! [hat_beta,s_e,R2,Ra2] = multivarlinearfit(c,X,0.05);
```

第 74 行，$\text{qr}(Y,0)$ 的做法是为了仅保留 R 的非零成分。第 95 行 ~ 第 100 行，计算相关的 t 值和 p 值，以便进行假设检验。

我们用一组数据来演示该程序的用法。图 5.1 是一组玉米数据的近红外光谱图，且该光谱图已经做了差分运算。在五个峰值位置截取信号强度数据，得到表 5.2 中的数据集。表中的前 5 列对应着 5 个波长点的近红外吸收值，第 6 列为玉米的含水量。将该数据保存到 CornWater.mat 文件中，然后执行如下的指令：

```
1  octave:1>load ./Data/CornWater.mat
2  octave:2>alpha = 0.05;
3  octave:3> multivarlinearfit(c,Y);
4
5  The multivariate linear regression equation is:
6  c = 11.6719 + 380.438y_1 - 1740.168y_2 + 2157.814y_3 + 432.990y_4 - 3139.710y_5
7  The standard error (s.e.) = 0.168
8
```

```
 9  Multivariate linear regression Output
10  ----------------------------------------------------------
11  Variable     Coeff.     s.e.       t          p-value
12  ----------------------------------------------------------
13  Const.       11.672     2.654      4.398      0.002
14  y_1          380.438    442.949    0.859      0.415
15  y_2          -1740.168  674.104    -2.581     0.033
16  y_3          2157.814   579.082    3.726      0.006
17  y_4          432.990    1436.750   0.301      0.771
18  y_5          -3139.710  839.856    -3.738     0.006
19  ------------------------------------------------------------
20  m = 14  R^2 = 0.885   Ra^2 = 0.813   s.e. = 0.168   d.f. = 8
21  ------------------------------------------------------------
```

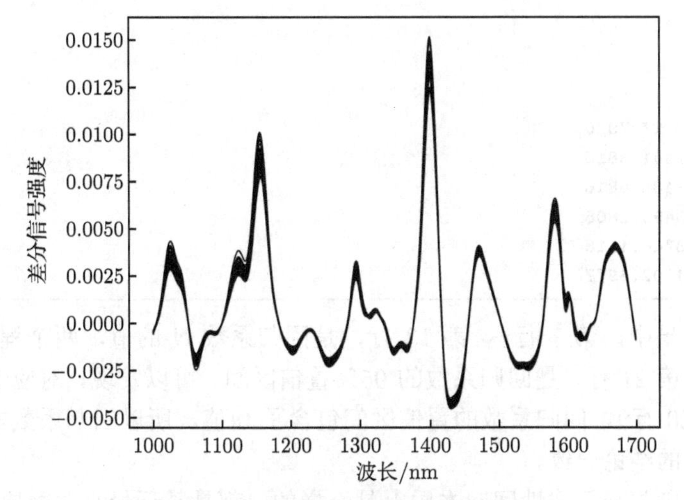

图 5.1　玉米近红外数据差分光谱图

表 5.2　玉米近红外数据及含水量（部分）

y_1	y_2	y_3	y_4	y_5	$c/\%$
0.0027297	0.0077339	0.01229	0.0036405	0.00549	10.146
0.003472	0.0092463	0.014117	0.0038967	0.0059304	10.413
0.0031577	0.0085171	0.013637	0.0036931	0.0059186	10.448
0.0034747	0.0085346	0.012947	0.0035504	0.0053315	10.977
0.0032642	0.0087478	0.01361	0.0037979	0.0059067	10.126
0.0032677	0.0085862	0.013496	0.0037983	0.0059076	10.025
0.0038818	0.0099035	0.015028	0.0039996	0.0064674	9.748
0.0033046	0.0085657	0.013213	0.0036132	0.0054427	10.785
0.0034685	0.0091221	0.014171	0.0039335	0.0062213	9.732
0.0028218	0.0079854	0.012992	0.0036331	0.0056705	10.592
0.0032865	0.0088252	0.013889	0.0038442	0.0060294	10.55
0.0029613	0.0087606	0.013586	0.0037938	0.0058669	10.13
0.0033621	0.0085593	0.013527	0.0036584	0.0057702	10.826
0.0033634	0.0088458	0.013701	0.0038018	0.0058303	10.597

从计算结果来，回归的效果似乎并不令人满意，$R^2 = 0.885$。从 p 值来看，变量 y_1 和 y_4 在设定的显著性水平下表现为不显著。我们再应用 regress 函数对上述的数据进行运算，做一个比较，如下（仅列出部分输出信息）：

```
octave:1>load ./Data/CornWater.mat
octave:2>alpha = 0.05;
octave:3>[b, bint, r, rint, stats] = regress (c, Y, alpha)
b =

     11.672
    380.438
  -1740.168
   2157.814
    432.990
  -3139.710

bint =

       5.5517     17.7920
    -641.0052   1401.8815
  -3294.6553   -185.6816
    822.4485   3493.1805
  -2880.1612   3746.1418
  -5076.4227  -1202.9977
```

在上面的结果中，第 7 行 ~ 第 13 行，是回归系数 $\boldsymbol{\beta}$ 的值，两个程序给出的结果一致。第 15 行 ~ 第 21 行，是回归系数的 95%置信区间。可以发现，对应于变量 y_1（第 17 行）和 y_4（第 20 行），回归系数的置信区间包含了 0 值，所以回归系数本身可能为 0 值，这也与前面给出的结论一致。

多元线性回归与一元线性回归本质上是一样的，都是基于最小二乘原则最大限度地拟合数据。这种强制性的拟合导致一些不适当的变量也会被引入拟合方程中，如上段中的 y_1 和 y_4。当然，我们可以将这两个变量剔除掉之后再行建模，得到模型的可信度会提高。但是，回归方程中存在的负系数会是一种隐忧，它意味着浓度与信号强度呈负相关。这虽然在数学上是成立的，但毕竟不符合我们的经验，即信号强度的增加应与浓度的增加相一致。由此看来，如果采用多元回归对近红外数据进行建模，还有很多问题需要解决。

5.1.4 预测

建立的多元线性回归方程可用于预测。设对一未知样品进行测量得到光谱向量为 $\boldsymbol{y}_0$，其元素为 y_{01}，y_{02}，…，y_{0n}，则其对应的浓度的预测值为

$$\hat{c}_0 = \hat{\beta}_0 + \hat{\beta}_1 y_{01} + \hat{\beta}_2 y_{02} + \ldots + \hat{\beta}_n y_{0n} \tag{5.23}$$

写成向量形式为

$$\hat{c}_0 = \boldsymbol{y}_0^{\mathrm{T}} \boldsymbol{\beta} \tag{5.24}$$

预测值 $\hat{c}_0$ 的标准误差为

$$s_{(\hat{c}_0)} = s_e\sqrt{1 + \boldsymbol{y}_0^{\mathrm{T}}\left(\boldsymbol{Y}^{\mathrm{T}}\boldsymbol{Y}\right)^{-1}\boldsymbol{y}_0} \tag{5.25}$$

预测值 $\hat{c}_0$ 的置信限为

$$\hat{c}_0 \pm t_{(\alpha/2,m-n-1)}s_{(\hat{c}_0)} \tag{5.26}$$

5.2 逐步回归分析

在上述的线性回归方程建立过程中，我们采用了响应矩阵的所有列。从一个建模实例的结果来看，效果并不好。这表明并非所有的变量对于建模都是有帮助的。如果不加选择地将所有的变量选入，反而会导致建立的模型不合理。逐步回归分析正是为了解决这个问题而建立的一种方法。

5.2.1 原理

逐步回归分析的基本思路如下：

（1）从所有的 $\boldsymbol{Y}$ 的列中挑选一列 $\boldsymbol{Y}_{\cdot i}$，与 $\boldsymbol{c}$ 建立回归方程，使得该列相比其他列产生更大的回归平方和。

（2）从 $\boldsymbol{Y}$ 的剩下的列中挑选一列 $\boldsymbol{Y}_{\cdot j}$，组成 $\boldsymbol{Y}_{\cdot(ij)}$，与 $\boldsymbol{c}$ 建立回归方程，使得该列相比其他剩余列会产生更大的回归平方和。

（3）此过程持续进行，直到无新列可引入为止。

（4）当新的列引入时，判定已经选定的列是否依然能够保证共同产生更大的回归平方和，如果不能则剔除。此过程也需持续进行，直至无额外列可剔除为止。

所以，逐步回归实际上包含了正向选入和反向剔除两个步骤，采用这样的做法可以确保将最有效的变量保留下来。需要强调的是，即便如此，逐步回归分析得到的仍是局部最优的回归方程。

引入或剔除一个变量 $\boldsymbol{Y}_{\cdot j}$，决定其取舍的判定指标为

$$F = \frac{SS_{\text{reg.}}^{(l)}(\boldsymbol{Y}_{\cdot j})}{SS_{\text{res.}}^{(l)}/(n-p-1)} \tag{5.27}$$

式中，p 是进行到第 l 步时方程中变量的个数。当 $F > F_{\alpha,(1,n-p-1)}$ 时，引入变量 $\mathbf{Y}_{\cdot j}$；若该变量是被选入的变量，当 $F < F_{\alpha,(1,n-p-1)}$ 时，剔除变量 $\boldsymbol{Y}_{\cdot j}$。

5.2.2 应用举例

Octave 的统计工具包中提供了逐步回归分析的函数 stepwisefit，我们将它用于表 5.3 所示的经典数据，该表中的数据为水泥的四种成分含量（x）与水泥凝固时放热量（y）。这四种成分分别是 $3CaO{\cdot}Al_2O_3$（x_1）、$3CaO{\cdot}SiO_2$（x_2）、$3CaO{\cdot}Al_2O_3{\cdot}Fe_2O_3$（$x_3$）和 $2CaO{\cdot}SiO_2$（x_4）。我们可以采用回归分析建立各种成分与放热量的线性模型。

将表 5.3 中的数据以变量 Y 保存到文件 cement.mat，Y 矩阵的最后一列是放热量数据，套用到模型中，它对应浓度向量位置。调用如下命令执行多元线性回归分析（仅列出部分输出信息）：

表 5.3 水泥成分与凝固时放热量

实验序号	x_1	x_2	x_3	x_4	y
1	7	26	6	60	78.5
2	1	29	15	52	74.3
3	11	56	8	20	104.3
4	11	31	8	47	87.6
5	7	52	6	33	95.9
6	11	55	9	22	109.2
7	3	71	17	6	102.7
8	1	31	22	44	72.5
9	2	54	18	22	93.1
10	21	47	4	26	115.9
11	1	40	23	34	83.8
12	11	66	9	12	113.3
13	10	68	8	12	109.4

```
1  octave:1>load ./Data/cement.mat
2  octave:2>c = Y(:,end);
3  octave:3>Y = Y(:,2:5);
4  octave:4>Y = [ones(length(c),1) Y];
5  octave:5>alpha = 0.05;
6  octave:6>[b, bint, r, rint, stats] = regress (c, Y, alpha)
7  b =
8     62.40537
9      1.55110
10     0.51017
11     0.10191
12    -0.14406
13
14 bint =
15    -99.17855   223.98929
16     -0.16634     3.26855
17     -1.15889     2.17923
18     -1.63845     1.84227
19     -1.77914     1.49102
20
21 stats =
22    9.8238e-01   1.1148e+02   4.7562e-07   5.9830e+00
```

在上面的结果中，第 7 行 ~ 第 12 行，回归系数 $\boldsymbol{\beta}$ 的值对应于 x_4 的系数为负，表明存在负相关性。第 14 行 ~ 第 19 行，给出回归系数的 95%置信区间。注意！所有系数的置信区间的前端都为负值。或者说，所有系数的置信区间均包含了 0 值，因而对应的回归系数可能为 0 值。由于所有的回归系数均可能为 0 值，因而用普通的多元线性回归方法来分析该数据集，无法对因素与发热量之间的关系给出合理的解释。

采用逐步回归分析法，结果如下：

```
octave:1>clear
octave:2>load ./Data/cement.mat
octave:3>c = Y(:,end);
octave:4>Y = Y(:,2:5);
octave:5>[Y_use, b, bint, r, rint, stats] = stepwisefit(c, Y)
Y_use =
   4   1

b =
   103.09738
    -0.61395
     1.43996

bint =
    98.36485   107.82991
    -0.72234    -0.50557
     1.13155     1.74837

stats =
   9.7247e-01   1.7663e+02   1.5811e-08   7.4762e+00
```

第 6 行、第 7 行给出了具有显著性影响的变量 4 和变量 1。第 9 行 ~ 第 12 行，给出回归系数，其中变量 4 依然是负相关。第 14 行 ~ 第 17 行，给出回归系数的 95%置信区间，可以看到变量 4 的区间处于负数，而变量 1 的区间处于正数，表明当前的回归系数处于合理范围。回归方程为：$y = 103.1 + 1.440x_1 - 0.6140x_4$。

5.3　主成分回归

从前两节的内容中可以看到，采用多元线性回归会产生诸多的问题，其中一个潜在的问题是响应矩阵中可能存在的共线性问题。Kendall 在 1957 年提出将 $\boldsymbol{Y}$ 做正交化的方式来消除共线性问题，他实际上也提出了主成分回归方法的最初形式，即在保留原始数据主要信息的基础上，用较少的主成分变量来描述原始数据。Massy 和 McCallum 发展了 Kendall 的方法，并指出正交化有利于原回归模型参数的估计。Cheng 和 Iglarsh 在 McCallum 的工作的基础上引入了新的标准，使得主成分回归方法更适合普通的数据分析人员使用。

不失一般性，设回归模型为

$$\boldsymbol{c} = \boldsymbol{Y}\boldsymbol{\beta} + \boldsymbol{e} \tag{5.28}$$

式中，$\boldsymbol{c}$ 是 $m \times 1$ 浓度向量；$\boldsymbol{Y}$ 是 $m \times n$ 的标样光谱矩阵；$\boldsymbol{\beta}$ 是 $n \times 1$ 回归系数向量；$\boldsymbol{e}$ 是 $m \times 1$ 误差向量。同时假设：

（1）向量 $\boldsymbol{e}$ 满足随机分布 $N(0, \sigma^2\boldsymbol{I})$。

（2）矩阵 $\boldsymbol{Y}$ 的秩等于 n，且 $n < m$。

（3）所有的变量都做了标准化处理，即变量的均值为 0，标准偏差为 1。

在此情况下，构造矩阵：

$$\boldsymbol{R} = \frac{\boldsymbol{Y}^{\mathrm{T}}\boldsymbol{Y}}{n} \tag{5.29}$$

则矩阵 $\boldsymbol{R}$ 是正定矩阵，其特征值为 $\lambda_1 \geqslant \lambda_2 \geqslant \cdots \geqslant \lambda_n > 0$。设 $\boldsymbol{W}_{n\times n}$ 是由 $\boldsymbol{R}$ 的特征向量构成的矩阵，其第 i 列对应于特征值 λ_i。第 j 个主成分可表达为

$$\boldsymbol{z}_j = w_{1j}\boldsymbol{y}_1 + \ldots + w_{nj}\boldsymbol{y}_n \tag{5.30}$$

式中，$\boldsymbol{y}_i$ 表示矩阵 $\boldsymbol{Y}$ 的第 i 列。因而，主成分分解的结果又可表示为

$$\boldsymbol{Y} = \boldsymbol{Z}\boldsymbol{W}^{\mathrm{T}} \tag{5.31}$$

式中，$\boldsymbol{W}$ 是列正交的矩阵，即 $\boldsymbol{W}\boldsymbol{W}^{\mathrm{T}} = \boldsymbol{I}$。所以，式（5.28）又可以表达为

$$\boldsymbol{c} = \boldsymbol{Z}\boldsymbol{W}^{\mathrm{T}}\boldsymbol{\beta} + \boldsymbol{e} = \boldsymbol{Z}\boldsymbol{\alpha} + \boldsymbol{e} \tag{5.32}$$

式中，$\boldsymbol{\alpha} = \boldsymbol{W}^{\mathrm{T}}\boldsymbol{\beta}$。采用普通的最小二乘法求解式（5.32），得到 $\boldsymbol{\alpha}$ 的估计值 $\hat{\boldsymbol{\alpha}}$：

$$\hat{\boldsymbol{\alpha}} = (\boldsymbol{Z}^{\mathrm{T}}\boldsymbol{Z})^{-1}\boldsymbol{Z}^{\mathrm{T}}\boldsymbol{c} \tag{5.33}$$

则原方程中参数 $\boldsymbol{\beta}$ 的估计值 $\hat{\boldsymbol{\beta}}$ 为

$$\hat{\boldsymbol{\beta}} = \boldsymbol{W}\hat{\boldsymbol{\alpha}} \tag{5.34}$$

注意，上述的解本质上就是普通的最小二乘回归结果，只是实现形式上稍有不同。主成分回归不再采用完整的 $\boldsymbol{W}$，而是采用它的一个子集 $\boldsymbol{W}^*$，它由前者的 L 列组成，通常根据特征值从大到小的次序来构造。因而，$\hat{\boldsymbol{\beta}}$ 的主成分估计值为

$$\hat{\boldsymbol{\beta}}^* = \boldsymbol{W}^*\hat{\boldsymbol{\alpha}} \tag{5.35}$$

对于式（5.33）中的 $\hat{\boldsymbol{\alpha}}$ 而言，其分布为

$$N\left(\alpha, \sigma^2\left(\boldsymbol{Z}^{\mathrm{T}}\boldsymbol{Z}\right)^{-1}\right) \tag{5.36}$$

式中，$\left(\boldsymbol{Z}^{\mathrm{T}}\boldsymbol{Z}\right)^{-1} = \dfrac{1}{m}\boldsymbol{\Lambda}$，$\boldsymbol{\Lambda}$ 是对角矩阵，其对角元为 $\Lambda_{ii} = 1/\lambda_i, i = 1, \cdots, n$。因而，式（5.34）中的 $\hat{\boldsymbol{\beta}}$ 具有分布：

$$N\left(\beta, (\sigma^2/N)\boldsymbol{W}\boldsymbol{\Lambda}\boldsymbol{W}^{\mathrm{T}}\right) \tag{5.37}$$

所以，回归系数估计值的方差为

$$\mathrm{Var}\left(\hat{\beta}_k\right) = \frac{\sigma^2}{k}\sum_{j=1}^{k}\frac{w_{kj}^2}{\lambda_j} \tag{5.38}$$

对应地，$\hat{\boldsymbol{\beta}}^*$ 的分布为

$$N\left(\beta, (\sigma^2/N)\boldsymbol{W}^*\boldsymbol{\Lambda}\boldsymbol{W}^{*\mathrm{T}}\right) \tag{5.39}$$

主成分回归系数估计值的方差为

$$\mathrm{Var}\left(\hat{\beta}_L^*\right) = \frac{\sigma^2}{n} \sum_{j=1}^{L} \frac{w_{Lj}^{*2}}{\lambda_j} \tag{5.40}$$

可以证明，采用主成分回归可以使得平均平方误差（mean square error, MSE）减小。

主成分回归方法存在一个缺陷：它对标准样品光谱矩阵 $\boldsymbol{Y}$ 进行分解，并试图采用合适数量的主成分来解释 $\boldsymbol{Y}$ 的主要信息。然而，主成分虽然能够很好地解释 $\boldsymbol{Y}$，但其提取方式似乎与浓度向量 $\boldsymbol{c}$ 没有任何关联。

Octave 本身没有提供主成分回归分析的程序，有兴趣者可以参考上面的算法自行编写。

5.4　偏最小二乘法

偏最小二乘（partial least-squares，PLS）法是由 Herman Wold 于 1966 年提出的，具体的应用于 1975 年发表。Svante Wold 将 PLS 方法推广到化学领域，使得 PLS 方法成为化学领域中一种被广泛应用的方法。随着近红外技术的发展，PLS 方法逐渐成为基于近红外技术进行定量分析的首选方法。

PLS 方法与主成分回归方法类似，也是用更小的集来解决建模问题。与 PCR 方法不同，PLS 方法在构建主成分的时候同时兼顾 $\boldsymbol{X}$ 和 $\boldsymbol{y}$。PLS 同步分解 $\boldsymbol{X}$ 和 $\boldsymbol{y}$ 从而得到一组本征向量集（latent vectors），然后再基于该本征向量集计算回归系数。迄今为止，PLS 方法已经发展出了多种算法，本节只介绍较为经典的算法。

5.4.1　模型

PLS 方法本质上也是建立如下的模型：

$$\boldsymbol{c} = \boldsymbol{Y\beta} + \boldsymbol{e} \tag{5.41}$$

这里，$\boldsymbol{c}$ 和 $\boldsymbol{Y}$ 均做了均值中心化处理。即

$$\boldsymbol{c} = \boldsymbol{c} - \bar{\boldsymbol{c}} \tag{5.42}$$

$$\boldsymbol{Y} = \boldsymbol{Y} - \overline{\boldsymbol{Y}} \tag{5.43}$$

式中，$\bar{\boldsymbol{c}}$ 和 $\overline{\boldsymbol{Y}}$ 分别是对应向量和矩阵的列均值构成的向量和矩阵。某些情况下，还需对每列进行缩放处理，即除以每列的标准偏差。

对于化学测量数据，矩阵 $\overline{\boldsymbol{Y}}$ 是由光谱构成，它们是具有相同量纲的数据，因而仅做均值中心化处理就可以了。并且，可以通过波长选择的方式，剔除掉某些响应值明显偏低或偏高的数据，从而使数据更为有效。

与主成分回归法类似，在 PLS 方法中对 $\boldsymbol{Y}$ 做如下的分解：

$$\begin{aligned}\boldsymbol{Y} &= \boldsymbol{Y}_1 + \cdots + \boldsymbol{Y}_A \\ &= \boldsymbol{t}_1\boldsymbol{p}_1^{\mathrm{T}} + \cdots + \boldsymbol{t}_A\boldsymbol{p}_A^{\mathrm{T}} \\ &= \boldsymbol{TP}^{\mathrm{T}}\end{aligned} \tag{5.44}$$

式中，A 是因子数，通常是预先给定一个值，然后通过交互检验的方式来确定其较为合适的值；向量 $\boldsymbol{t}_i$ 称为得分向量；$\boldsymbol{p}_i$ 称为载荷向量；$\boldsymbol{Y}_i$ 称为因子矩阵，它与 $\boldsymbol{t}_i\boldsymbol{p}_i^{\mathrm{T}}$ 相对应；矩阵 $\boldsymbol{T}$ 和 $\boldsymbol{P}$ 的列分别由 $\boldsymbol{t}_i$ 和 $\boldsymbol{p}_i$ 构成，如式（5.45）和式（5.46）所示：

$$\boldsymbol{T} = [\boldsymbol{t}_1 \cdots \boldsymbol{t}_A] \tag{5.45}$$

$$\boldsymbol{P} = [\boldsymbol{p}_1 \cdots \boldsymbol{p}_A] \tag{5.46}$$

但是，PLS 方法并不独立地对 $\boldsymbol{Y}$ 做分解，它也借助其得分向量对 $\boldsymbol{c}$ 做分解：

$$\begin{aligned}\boldsymbol{c} &= \boldsymbol{c}_1 + \cdots + \boldsymbol{c}_A \\ &= \boldsymbol{u}_1 q_1 + \cdots + \boldsymbol{u}_A q_A \\ &= \boldsymbol{U}\boldsymbol{q}\end{aligned} \tag{5.47}$$

式中，$\boldsymbol{c}_i$ 是 $\boldsymbol{c}$ 的因子向量；$\boldsymbol{u}_i$ 是 $\boldsymbol{c}$ 的得分向量，它们构成矩阵 $\boldsymbol{U}$ 的列；q_i 是标量，它们构成了向量 $\boldsymbol{q}$ 的元素。

与前述的多元回归分析和主成分回归不同，偏最小二乘回归法不再试图直接构建类似式（5.41）形式的回归方程，而是建立如式（5.48）的线性回归方程：

$$\boldsymbol{u}_i = b_i \boldsymbol{t}_i + \boldsymbol{\varepsilon}_i \tag{5.48}$$

因而，偏最小二乘法必须解决的关键问题是：如何对 $\boldsymbol{Y}$ 和 $\boldsymbol{c}$ 进行分解，以便能够使 $\boldsymbol{u}_i$ 与 $\boldsymbol{t}_i$ 有最大程度的相关性。

5.4.2 PLS 的主成分分解算法

为便于讨论，我们以 $\boldsymbol{t}_1$ 和 $\boldsymbol{u}_1$ 的计算步骤为例介绍 PLS 的主成分分解算法。$\boldsymbol{t}_1$ 作为 $\boldsymbol{Y}$ 的第一得分向量，它实质上是 $\boldsymbol{Y}$ 的列向量的加权线性加和，如下：

$$\boldsymbol{t}_1 = \boldsymbol{Y}\boldsymbol{w}_1 \tag{5.49}$$

式中，$\boldsymbol{w}_1$ 是权重向量。

注意，不同的 $\boldsymbol{w}_1$ 将使得 $\boldsymbol{t}_1$ 偏向不同的方向，最合理的做法是使 $\boldsymbol{t}_1$ 能够偏向 $\boldsymbol{u}_1$ 的方向。由于 $\boldsymbol{c}$ 是一个列向量，其第一主成分得分向量 $\boldsymbol{u}_1$ 的方向与 $\boldsymbol{c}$ 相同，它们之间存在一个标量系数 k_1，因而 $\boldsymbol{u}_1$ 可表达为如下的形式：

$$\boldsymbol{u}_1 = \boldsymbol{c}k_1 \tag{5.50}$$

要建立足够好的回归方程式（5.48），就要求 $\boldsymbol{t}_1$ 和 $\boldsymbol{u}_1$ 有最大的相关性，即

$$\begin{aligned}\max\left(\boldsymbol{t}_1^{\mathrm{T}}\boldsymbol{u}_1\right) &= \max\left((\boldsymbol{Y}\boldsymbol{w}_1)^{\mathrm{T}}(\boldsymbol{c}k_1)\right) \\ &= \max\left(\boldsymbol{w}_1^{\mathrm{T}}\boldsymbol{Y}^{\mathrm{T}}\boldsymbol{c}k_1\right)\end{aligned} \tag{5.51}$$

式（5.51）中包含两个待定变量 $\boldsymbol{w}_1$ 和 k_1，因而采用拉格朗日乘子法，记

$$\rho = \boldsymbol{w}_1^{\mathrm{T}}\boldsymbol{Y}^{\mathrm{T}}\boldsymbol{c}k_1 - \lambda_1(\boldsymbol{w}_1^{\mathrm{T}}\boldsymbol{w}_1 - 1) - \lambda_2(k_1k_1 - 1) \tag{5.52}$$

从式（5.52）可解得

$$\boldsymbol{Y}^{\mathrm{T}}\boldsymbol{c}k_1 = 2\lambda_1\boldsymbol{w}_1 \tag{5.53}$$

和

$$\boldsymbol{w}_1^{\mathrm{T}}\boldsymbol{Y}^{\mathrm{T}}\boldsymbol{c} = 2\lambda_2k_1 \tag{5.54}$$

要得到方程组 [式（5.53）和式（5.54）] 的解析解并不容易，采用迭代算法是较好的选择。式（5.53）表明 $\boldsymbol{w}_1$ 应该选取在 $\boldsymbol{Y}^{\mathrm{T}}\boldsymbol{c}$ 的方向上，最优的 $\boldsymbol{w}_1$ 将通过迭代运算的方式来逼近。

$$\boldsymbol{w}_1 = \boldsymbol{Y}^{\mathrm{T}}\boldsymbol{c} \tag{5.55}$$

利用式（5.55）得到的 $\boldsymbol{w}_1$，基于式（5.49）可得到第一得分向量 $\boldsymbol{t}_1$，如下：

$$\boldsymbol{t}_1 = \boldsymbol{Y}\boldsymbol{w}_1 = \boldsymbol{Y}\boldsymbol{Y}^{\mathrm{T}}\boldsymbol{c} \tag{5.56}$$

由式（5.56）可见，$\boldsymbol{t}_1$ 实质上是 $\boldsymbol{c}$ 在协方差 $\boldsymbol{Y}\boldsymbol{Y}^{\mathrm{T}}$ 空间的投影。因而，如果采用 $\boldsymbol{t}_1$ 作为得分向量对 $\boldsymbol{Y}$ 做主成分分解的话，就能利用 $\boldsymbol{c}$ 的信息。当然，从式（5.48）的角度看，完整地利用 $\boldsymbol{c}$ 的信息未必是最优的选择。采用式（5.54）和 $\boldsymbol{t}_1$ 从式（5.50）得出 $\boldsymbol{c}$ 的第一得分向量 $\boldsymbol{u}_1$ 是一种选择，但是经典的 PLS 方法直接应用 $\boldsymbol{t}_1$ 来分解 $\boldsymbol{c}$，这是 PLS 算法的第二个重要步骤。

用 $\boldsymbol{t}_1$ 取代式（5.50）中的 $\boldsymbol{u}_1$ 并做回归分析，得到 q_1：

$$q_1 = \frac{\boldsymbol{t}_1^{\mathrm{T}}\boldsymbol{c}}{\boldsymbol{t}_1^{\mathrm{T}}\boldsymbol{t}_1} \tag{5.57}$$

进而求得 $\boldsymbol{u}_1$，如下：

$$\boldsymbol{u}_1 = \boldsymbol{c}/q_1 \tag{5.58}$$

通过这种运算得到的 $\boldsymbol{u}_1$ 与 $\boldsymbol{t}_1$ 有很好的相关性。但是，为了最大限度地获得第一主成分的信息，并使获得的 $\boldsymbol{u}_1$ 与 $\boldsymbol{t}_1$ 具有最好的相关性，必须采用迭代的方法对 $\boldsymbol{t}_1$（或对 $\boldsymbol{u}_1$）进行优化，直至满足某种收敛规则。图 5.2 为通过迭代得到最优的 $\boldsymbol{t}_1$ 的流程图。

有了 $\boldsymbol{t}_1$ 和 $\boldsymbol{u}_1$，即可建立 $\boldsymbol{c}$ 和 $\boldsymbol{Y}$ 的回归方程的主成分（潜变量）表达形式：

$$\boldsymbol{u}_1 = b_1\boldsymbol{t}_1 + \boldsymbol{\varepsilon}_1 \tag{5.59}$$

回归系数 b_1 如下：

$$b_1 = \frac{\boldsymbol{u}_1^{\mathrm{T}}\boldsymbol{t}_1}{\boldsymbol{t}_1^{\mathrm{T}}\boldsymbol{t}_1} \tag{5.60}$$

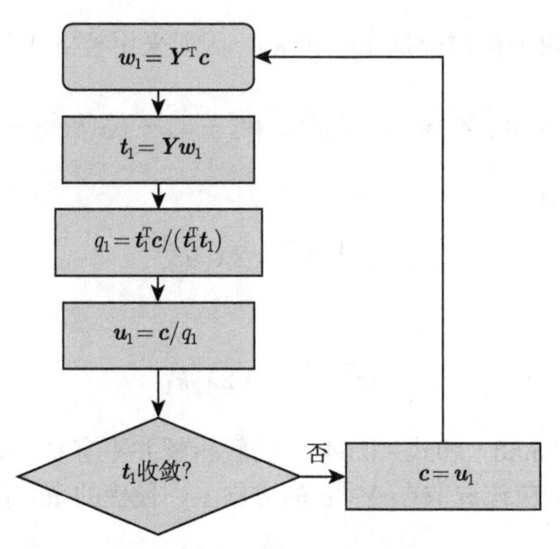

图 5.2　计算 t_1 的流程图

此外，可以计算 $\boldsymbol{t}_1$ 对应的载荷向量 $\boldsymbol{p}_1$，如下：

$$\boldsymbol{p}_1 = \frac{\boldsymbol{Y}^{\mathrm{T}}\boldsymbol{t}_1}{\boldsymbol{t}_1^{\mathrm{T}}\boldsymbol{t}_1} \tag{5.61}$$

通过上述的计算步骤，我们得到了第一个主成分所对应的参数，它们是 $\boldsymbol{w}_1$、$\boldsymbol{t}_1$、$\boldsymbol{p}_1$、b_1 和 q_1。在此基础上，我们可以采用如下的方法剥离第一主成分：

$$\boldsymbol{Y}_{\mathrm{res}} = \boldsymbol{Y} - \boldsymbol{t}_1\boldsymbol{p}_1^{\mathrm{T}} \tag{5.62}$$

$$\boldsymbol{c}_{\mathrm{res}} = \boldsymbol{c} - b_1\boldsymbol{t}_1 q_1 \tag{5.63}$$

式中，$\boldsymbol{Y}_{\mathrm{res}}$ 和 $\boldsymbol{c}_{\mathrm{res}}$ 分别称为残差矩阵和残差向量，参照图 5.2 对它们做进一步分解，就可以得到各 $\boldsymbol{w}_i$、$\boldsymbol{t}_i$、$\boldsymbol{p}_i$、b_i 和 q_i，最终建立起 $\boldsymbol{c}$ 和 $\boldsymbol{Y}$ 的 PLS 回归方程。图 5.3 为 PLS 算法核心部分的流程图。

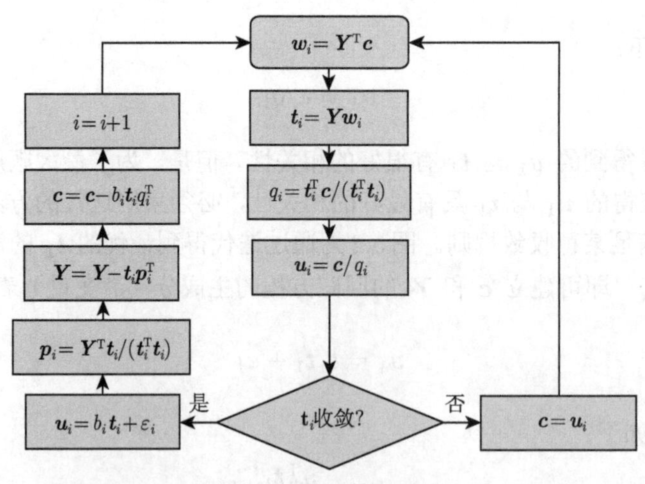

图 5.3　PLS 算法示意图

得到的 $\boldsymbol{w}_i$、$\boldsymbol{t}_i$、$\boldsymbol{p}_i$、b_i 和 q_i 是 PLS 模型参数，可用于不同的目的。例如，如果要研究样品之间的空间分布关系，则可以通过做 $\boldsymbol{t}_1$ 对 $\boldsymbol{t}_2$ 的投影图。参数 $\boldsymbol{w}_i$、$\boldsymbol{p}_i$、b_i 和 q_i 则可用于定量分析。这里提供一个基于 NIPALS 的偏最小二乘算法程序，供学习之用，如程序示例 5.2 所示。

程序示例 5.2　偏最小二乘法建模程序

```
1
2  ## Copyright (C) <cesgf@mail.sysu.edu.cn;sysucesgf@163.com>
3  ##
4  ## This program is free software; you can redistribute it and/or modify
5  ## it under the terms of the GNU General Public License as published by
6  ## the Free Software Foundation; either version 2 of the License, or
7  ## (at your option) any later version.
8  ##
9  ## This program is distributed in the hope that it will be useful,
10 ## but WITHOUT ANY WARRANTY; without even the implied warranty of
11 ## MERCHANTABILITY or FITNESS FOR A PARTICULAR PURPOSE.  See the
12 ## GNU General Public License for more details.
13 ##
14 ## You should have received a copy of the GNU General Public License
15 ## along with this program; If not, see <http://www.gnu.org/licenses/>.
16
17 ## -*- texinfo -*-
18 ## @deftypefn {Function File} {[@var{W},@var{P},@var{T},@var{U},@var{b},@var{q}]} =
       plsNipals ([@var{y},@var{X},@var{pcn},@var{itmax},@var{tol}])
19 ## PLS1 based on NIPALS
20 ##
21 ##
22 ## Input arguments:
23 ##
24 ## @itemize
25 ## @item
26 ## @code{c}          --- property vector.
27 ## @item
28 ## @code{Y}          --- spectral matrix whose each row is a sample.
29 ## @item
30 ## @code{nPrinComp}  --- number of principal component number.
31 ## @item
32 ## @code{itmax}      --- maximum iteration.
33 ## @item
34 ## @code{tol}        --- convergence criterion.
35 ## @end itemize
36 ##
37 ## Return values
38 ##
39 ## @itemize
40 ## @item
41 ## @code{W} --- weight matrix.
42 ## @item
43 ## @code{P} --- spectral factors.
44 ## @item
```

```
45  ## @code{T} --- spectral scores.
46  ## @item
47  ## @code{U} --- property scores.
48  ## @item
49  ## @code{b} --- coefficients of inner linear relationships.
50  ## @item
51  ## @code{q} --- property factors.
52  ## @end itemize
53  ##
54  ## @seealso{functions}
55  ## @end deftypefn
56
57  ## Author:  Gan, F.
58  ## create date:     2017-10-20
59  ## latest revision: 2017-10-20
60
61
62  function [W,P,T,U,b,q] = plsNipals(c,Y,nPrinComp,itMax,tol)
63
64    if nargin < 5
65      error('Please see demo.');
66    endif
67    if (size(c,2) > 1)
68      error('This is for PLS1.');
69    endif
70    [mRows,nCols] = size(Y);
71    nPrinComp = min([mRows,nCols,nPrinComp]);
72    U = zeros(mRows,nPrinComp);
73    T = ones(mRows,nPrinComp);
74    W = zeros(nCols,nPrinComp);
75    P = zeros(nPrinComp,nCols);
76    q = zeros(nPrinComp,1);
77    b = zeros(nPrinComp,1);
78    itNum = 0;
79    T_old = zeros(mRows,nPrinComp);
80    for i = 1:nPrinComp
81      U(:,i) = c;
82      residualTi = T_old(:,i) - T(:,i);
83      while (sum(abs(residualTi)) > tol)
84        T_old(:,i) = T(:,i);
85        W(:,i) = Y' * U(:,i);
86        W(:,i) = W(:,i) / sqrt(W(:,i)' * W(:,i));
87        T(:,i) = Y * W(:,i);
88        q(i,1) = T(:,i)' * c / (T(:,i)' * T(:,i));
89        U(:,i) = c / q(i,1);
90        residualTi = T_old(:,i) - T(:,i);
91        itNum = itNum + 1;
92        if (itNum > itMax)
93          printf("Reach maximum iteration at %ith principal component.\n",i);
94          break;
95        endif
96      endwhile
97      P(i,:) = T(:,i)' * Y / (T(:,i)' * T(:,i));
```

```
98      T(:,i) = T(:,i) / sqrt(P(i,:) * P(i,:)');
99      W(:,i) = W(:,i) / sqrt(P(i,:) * P(i,:)');
100     P(i,:) = P(i,:) / sqrt(P(i,:) * P(i,:)');
101     b(i,1) = (U(:,i)' * T(:,i)) / (T(:,i)' * T(:,i));
102     Y = Y - T(:,i) * P(i,:);
103     c = c - b(i,1) * T(:,i) * q(i,1);
104     itnum = 0;
105   endfor
106
107 endfunction
108 %!demo
109 %! load ./Data/CornModelSp.dat;
110 %! load ./Data/CornModelProp.dat;
111 %! pcn = 5;
112 %! itmax = 100;
113 %! tol = 1e-6;
114 %! c = CornModelProp - mean(CornModelProp);
115 %! Y = CornModelSp - repmat(mean(CornModelSp),size(CornModelSp,1),1);
116 %! [W,P,T,U,b,q] = plsNipals(c,Y,pcn,itmax,tol);
117 %! figure(1),clf('reset');
118 %! plot(T(:,1),T(:,2),'o');
```

这里要说明的是，上述的算法属于 PLS 的较为经典的算法之一，当前许多文献不再讨论该种算法，而是介绍其他的算法。例如，如果将式（5.54）中的 k_1 代入式（5.53），整理得

$$\boldsymbol{Y}^{\mathrm{T}}\boldsymbol{c}\boldsymbol{c}^{\mathrm{T}}\boldsymbol{Y}\boldsymbol{w}_1 = 4\lambda_1\lambda_2\boldsymbol{w}_1 \tag{5.64}$$

该方程表明，$\boldsymbol{w}_1$ 应该取 $\boldsymbol{Y}^{\mathrm{T}}\boldsymbol{c}\boldsymbol{c}^{\mathrm{T}}\boldsymbol{Y}$ 的第一特征向量。然而，如果 $\boldsymbol{Y}$ 是大型矩阵，则分解矩阵所需的时间有可能影响其效率。

Octave 中提供了一个基于 SIMPLS 算法的程序。SIMPLS 算法是在借鉴了经典 PLS 算法特点的基础上建立的一种方法，其计算速度是当前各种偏最小二乘法中较快的一种，有兴趣者可以参阅相应的文献。

5.4.3 预测

当采用前述的迭代算法时，对未知样本的预测也采用迭代的过程。首先，对未知样品的光谱矩阵（或向量）$\boldsymbol{X}_0$ 做如下的标准化处理：

$$\boldsymbol{X}_0 = \boldsymbol{X}_0 - \overline{\boldsymbol{Y}} \tag{5.65}$$

式中，$\overline{\boldsymbol{Y}}$ 是建模时的光谱均值向量构成的矩阵。其次，利用 $\boldsymbol{W}_{\cdot i}$ 求得各得分向量 $\boldsymbol{T}_{\cdot i}$：

$$\boldsymbol{T}_{\cdot i} = \boldsymbol{X}_{i-1}^{\mathrm{T}}\boldsymbol{W}_{\cdot i} \qquad i = 1, 2, \cdots, n \tag{5.66}$$

同时对 $\boldsymbol{X}_i$ 进行更新：

$$\boldsymbol{X}_i = \boldsymbol{X}_{i-1} - \boldsymbol{T}_{\cdot i}\boldsymbol{P}_{i\cdot} \qquad i = 1, 2, \cdots, n \tag{5.67}$$

最后，利用 $\boldsymbol{b}$、$\boldsymbol{T}$ 和 $\boldsymbol{q}$，计算 $\hat{\boldsymbol{c}}_0$，如下：

$$\hat{\boldsymbol{c}}_0 = \bar{\boldsymbol{c}} + \sum_{i=1}^{A} b_i\boldsymbol{T}_{\cdot i}q_i \tag{5.68}$$

式中，$\bar{c}$ 是建模集的浓度向量的均值构成的向量。

程序示例 5.3 为基于 NIPALS 算法的预测程序。

程序示例 5.3　偏最小二乘预测程序

```
1
2   ## Copyright (C)  <cesgf@mail.sysu.edu.cn;sysucesgf@163.com>
3   ##
4   ## This program is free software; you can redistribute it and/or modify
5   ## it under the terms of the GNU General Public License as published by
6   ## the Free Software Foundation; either version 2 of the License, or
7   ## (at your option) any later version.
8   ##
9   ## This program is distributed in the hope that it will be useful,
10  ## but WITHOUT ANY WARRANTY; without even the implied warranty of
11  ## MERCHANTABILITY or FITNESS FOR A PARTICULAR PURPOSE.  See the
12  ## GNU General Public License for more details.
13  ##
14  ## You should have received a copy of the GNU General Public License
15  ## along with this program; If not, see <http://www.gnu.org/licenses/>.
16
17  ## -*- texinfo -*-
18  ## @deftypefn {Function File} {[@var{hatc}]} = plsNipalsPred ([@var{X},@var{W},@var{P},
        @var{b},@var{q},@var{n},@var{barY},@var{barc}])
19  ## Prediction based on the model of PLS1
20  ##
21  ##
22  ## Input arguments:
23  ##
24  ## @itemize
25  ## @item
26  ## @code{X}      --- spectral matrix of unknown samples.
27  ## @item
28  ## @code{W}      --- weight matrix.
29  ## @item
30  ## @code{P}      --- spectral factors.
31  ## @item
32  ## @code{b}      --- coefficients of inner linear relationships.
33  ## @item
34  ## @code{q}      --- property factors.
35  ## @item
36  ## @code{n}      --- principal component number.
37  ## @item
38  ## @code{barY}  --- mean Y, $\bar Y$.
39  ## @item
40  ## @code{barc}  --- mean c, $\bar c$.
41  ## @end itemize
42  ##
43  ## Return values
44  ##
45  ## @itemize
46  ## @item
47  ## @code{hatc}  --- calculated property,$\hat c$.
```

```
48  ## @end itemize
49  ##
50  ## @seealso{functions}
51  ## @end deftypefn
52
53  ## Author:  Gan, F.
54  ## create date:     2017-10-20
55  ## latest revision: 2017-10-20
56
57
58  function [hatc] = plsNipalsPred(X,W,P,b,q,nPrinComp,barY,barc)
59
60    if nargin < 8
61      error('Please see demo');
62    endif
63
64    [mRows,nCols] = size(X);
65
66    X = X - repmat(barY,mRows,1);
67    hatc = zeros(mRows,1);
68    T = zeros(mRows,nPrinComp);
69
70    for i = 1:nPrinComp
71      T(:,i) = X * W(:,i);
72      X = X - T(:,i) * P(i,:);
73      hatc = hatc + b(i) * T(:,i) * q(i);
74    endfor
75
76    hatc = hatc + repmat(barc,mRows,1);
77
78  endfunction
79
80  %!demo
81  %! load ./Data/CornModelSp.dat;
82  %! load ./Data/CornModelProp.dat;
83  %! Y_mc = []; bar_Y = []; c_mc = []; bar_c = [];
84  %! [Y_mc,bar_Y] = meancent(CornModelSp,'col');
85  %! [c_mc,bar_c] = meancent(CornModelProp,'col');
86  %! pcn = 5;
87  %! itmax = 100;
88  %! tol = 1e-6;
89  %! [W,P,T,U,b,q] = plsNipals(c_mc,Y_mc,pcn,itmax,tol);
90  %! [hat_c] = plsNipalsPred(CornModelSp,W,P,b,q,pcn,bar_Y,bar_c)
91  %! figure(1),clf('reset');
92  %! plot(CornModelProp,hat_c,'o');
93  %! xlabel('Real');ylabel('Calculated')
```

我们将上述的建模和预测程序用于一组玉米含水量的近红外光谱数据（表 5.2），得到不同的主成分数情况下的预测结果图，如图 5.4 和图 5.5 所示。从中可以看到，不同主成分数情况下模型的建模效果是不同的。采用较多的主成分数固然可以得到更好的拟合效果，但是也包含了非主要的因素，由此可能导致未知样本预测效果变差。

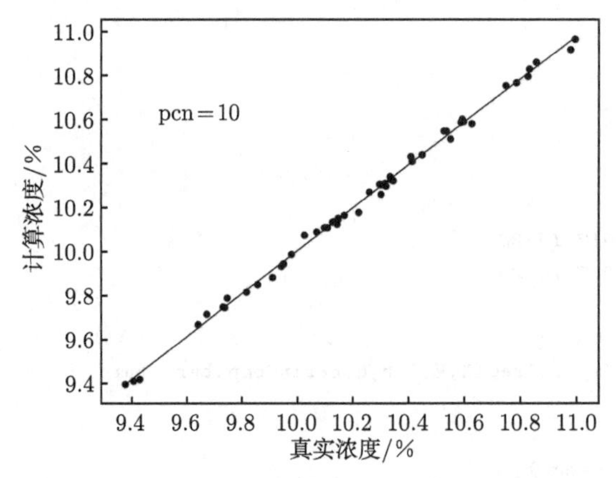

图 5.4 用 10 个主成分数进行建模和预测结果

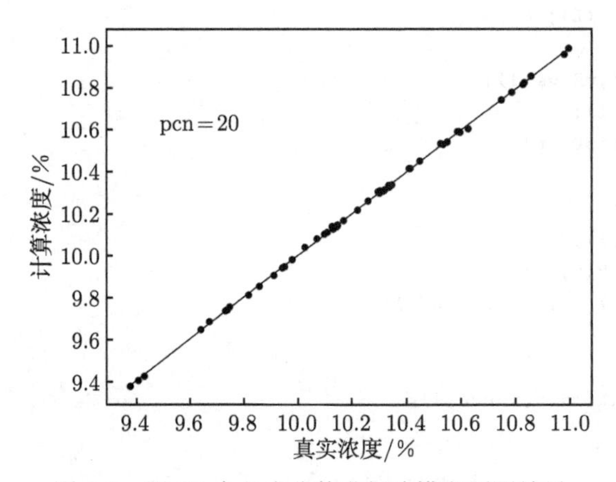

图 5.5 用 20 个主成分数进行建模和预测结果

5.4.4 交互检验

交互检验（cross validation）是确定建模时所采用较为合适的主成分数的一种有效方法。交互检验的方式通常有两种，第一种方法主要用于数据集较小的时候，此时采用所谓的“留一法”构建检验集。即每次将 $\boldsymbol{Y}$ 的一行取出作为未知样本，将剩下的数据建模，然后再用该模型预测留下的样本，计算预测残差。通过预测残差与主成分数的变化关系确定最合适的主成分数。

第二种方法主要用于足够大的数据集，此时可以采用随机分组的方式将该数据集划分为两组：一组为建模集，另一组作为校验集。用建模集建立 PLS 模型，然后用校验集针对不同的主成分数进行预测，最终得到合适的主成分数。

程序示例 5.4 为“留一法”的程序清单。

程序示例 5.4 “留一法”交互检验程序

```
1
2  ## Copyright (C) <cesgf@mail.sysu.edu.cn;sysucesgf@163.com>
3  ##
```

```
4   ## This program is free software; you can redistribute it and/or modify
5   ## it under the terms of the GNU General Public License as published by
6   ## the Free Software Foundation; either version 2 of the License, or
7   ## (at your option) any later version.
8   ##
9   ## This program is distributed in the hope that it will be useful,
10  ## but WITHOUT ANY WARRANTY; without even the implied warranty of
11  ## MERCHANTABILITY or FITNESS FOR A PARTICULAR PURPOSE.  See the
12  ## GNU General Public License for more details.
13  ##
14  ## You should have received a copy of the GNU General Public License
15  ## along with this program; If not, see <http://www.gnu.org/licenses/>.
16
17  ## -*- texinfo -*-
18  ## @deftypefn {Function File} {[@var{residuals}]} = plsNipalsCv ([@var{c},@var{Y},@var{
        nPrinComp},@var{itMax},@var{tol}])
19  ## Cross validation
20  ##
21  ## Input arguments:
22  ##
23  ## @itemize
24  ## @code{c}             --- property vector.
25  ## @item
26  ## @code{Y}             --- spectral matrix whose each row is a sample.
27  ## @item
28  ## @code{nPrinComp}     --- number principal component.
29  ## @item
30  ## @code{itMax}         --- maximum iteration.
31  ## @item
32  ## @code{tol}           --- convergence criterion.
33  ## @end itemize
34  ##
35  ## Return values
36  ##
37  ## @itemize
38  ## @item
39  ## @code{residuals}     --- residuals at different nPrinComp.
40  ## @end itemize
41  ##
42  ## @seealso{pls1_nipals, pls1_pred.}
43  ## @end deftypefn
44
45  ## Author:  Gan, F.
46  ## create date:     2017-10-21
47  ## latest revision: 2017-10-21
48
49  function [residuals] = plsNipalsCv(c,Y,nPrinComp,itMax,tol)
50
51    if (nargin < 5)
52      error('Please see demo.');
53    endif
54    if (size(c,2) > 1)
55      error('This is for PLS1.');
```

```
56    endif
57    [mRows,nCols] = size(Y);
58    nPrinComp = min([mRows,nCols,nPrinComp]);
59    residuals = zeros(nPrinComp,1);
60    for i = 1:mRows
61      ## cross one line
62      range = [1:(i-1),(i+1):mRows];
63      subY = Y(range,:);
64      subc = c(range,1);
65      [meancentY,barY] = meancent(subY,'col');
66      [meancentc,barc] = meancent(subc,'col');
67      [W,P,T,U,b,q] = plsNipals(meancentc,meancentY,nPrinComp,itMax,tol);
68      for j = 1:nPrinComp
69        [hatc] = plsNipalsPred(Y(i,:),W,P,b,q,j,barY,barc);
70        res = hatc - c(i);
71        residuals(j) = residuals(j) + res * res;
72      endfor
73    endfor
74    residuals = residuals ./ mRows;
75  endfunction
76
77  %!demo
78  %! load ./Data/CornModelSp.dat;
79  %! load ./Data/CornModelProp.dat;
80  %! pcn = 10;
81  %! itmax = 100;
82  %! tol = 1e-6;
83  %! [cv] = plsNipalsCv(CornModelProp,CornModelSp,pcn,itmax,tol);
84  %! figure(1),clf('reset');
85  %! plot(cv);hold on;plot(cv,'o');
86  %! xlabel('Principal component number');
87  %! ylabel('Residuals');
```

将该程序用于玉米含水量的数据，得到如图 5.6 所示的残差图，结果表明该体系合理的主成分数选择 4 或者 5 均可。

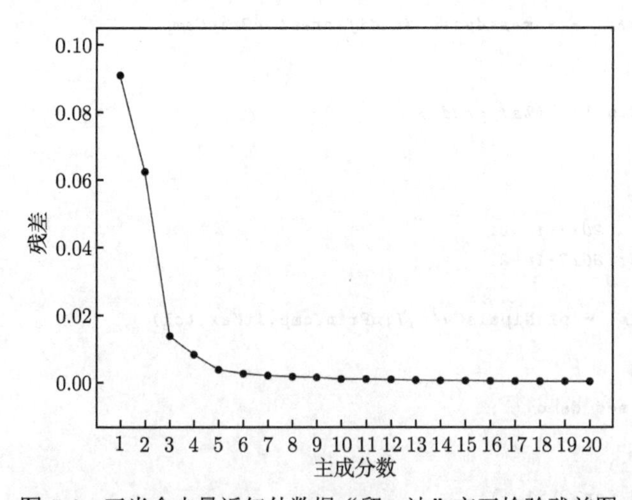

图 5.6 玉米含水量近红外数据“留一法”交互检验残差图

第 6 章　机器学习简介

机器学习是人工智能（artificial intelligence，AI）研究的一个新的分支领域。当前广泛应用在各个领域的各种 AI 技术实际上就是基于机器学习。在 2016 年 3 月，DeepMind 公司开发的 AlphaGo 围棋程序击败了当时等级分最高的韩国棋手李世石，在世界造成了巨大的轰动效应，这是机器学习和人工智能研究历史上具有划时代意义的事件。

2020 年，Burger 等人在 *Nature* 杂志上发表封面文章，介绍了一个人工智能机器人化学家。这个机器人化学家可以独立思考，可以自主完成一系列的实验操作。在第一次测试中，它在 8 天的时间内独立完成了 668 个实验，并研发出了一种全新的化学催化剂。这项工作表明人工智能与化学的结合已经出现了实用化的迹象，对于化学领域而言也是一个里程碑意义的工作。

本章对机器学习的若干内容做一个简单的介绍，希望对于初学者了解机器学习的一些基础知识有所帮助。鉴于当前机器学习的主流领域主要基于神经网络方面的理论，故本章也仅限于介绍与神经网络有关的知识。

6.1　人工神经网络的建立

神经网络是源自生物学领域的一个术语，一般用于描述生物的大脑神经元、触点等构成的信号传输网络，以此来解释生物的意识产生过程，以及生物的学习、思考、行动能力形成过程。1943 年，McCulloch 和 Pitts 发表了一篇题为 *A Logical Calculus of the Ideas Immanent in Nervous Activity* 的论文，首次提出了人工神经网络的概念及人工神经元的数学理论。他们的工作也被视为开创了人工神经网络研究的时代。

McCulloch 和 Pitts 建立的神经网络简称 M-P 模型，当前的文献中习惯用图 6.1 的形式来表示 M-P 模型的作用机制。

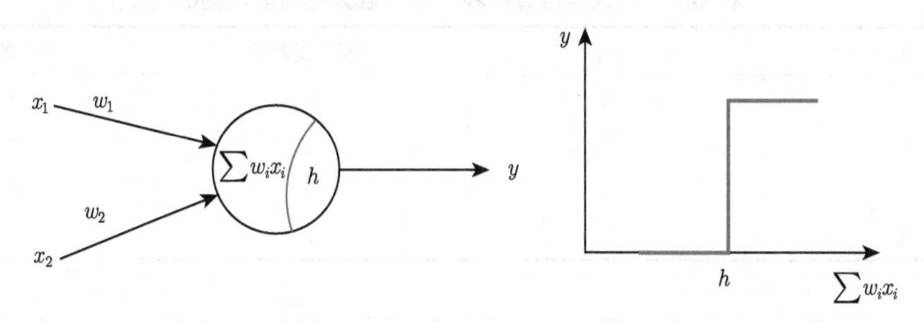

图 6.1　M-P 模型及其响应机制

图 6.1 中的圆圈代表一个神经元；x_1 和 x_2 代表外界的刺激信号强度，w_1 和 w_2 代表每个外界刺激信号的权重，它们反映了外界刺激对神经元产生的影响程度的大小，y 表示

神经元对于外界刺激做出的应激响应输出值。生物体的神经元接受到的外界刺激是各种刺激的加权总和，神经元有可能会对此产生应激响应，也可能不产生应激响应。

人工神经网络的神经元也设计成按照某种机制对外界刺激进行响应，如图 6.1 圆圈中的内容所示，$\sum w_i x_i$ 表示所有的刺激的加和，一条曲线分割神经元，象征性地代表一种“阻碍”，线的右侧是一个数值 h，在神经网络中称为阈值，可以类比成不同的人对于雷电的耐受程度。只有当输入的总刺激达到或冲破了这个阈值，神经元才做出应激响应。

图 6.1 右侧为神经元的应激响应模式，这里表达的是一种突跃式的响应。一般而言，人工神经网络的响应机制可用下面的形式描述：

$$y = f\left(\sum_{i=1}^{n} w_i x_i - h\right) \tag{6.1}$$

式中，f 称为激励函数，在“6.5 激励函数”会详细讲解；n 是外界刺激的信号的数目。不同的激励函数使神经元最终的输出结果不同。最简单的激励函数是阶跃函数，它具有如下的特征：

$$y = \begin{cases} f\left(\sum_{i=1}^{n} w_i x_i - h\right) = 0, & \sum w_i x_i < h \\ f\left(\sum_{i=1}^{n} w_i x_i - h\right) = 1, & \sum w_i x_i \geqslant h \end{cases} \tag{6.2}$$

由式（6.2）确定的神经元由此具备了逻辑“或”和逻辑“与”的判别能力。例如，设有两个输入值 x_1 和 x_2，对应的权重为 $w_1 = 1$ 和 $w_2 = 1$，且 $h = 1.5$。根据式（6.1）可得

$$y = f(x_1 + x_2 - 1.5) \tag{6.3}$$

表 6.1 为基于式（6.3）所示的机器学习模型的“与”和“或”运算符的输入与输出结果。

表 6.1 “或”运算符和“与”运算符的输入输出

x_1	x_2	“或”的输出	“与”的输出
0	0	0	0
0	1	1	0
1	0	1	0
1	1	1	1

实际上，早期也根据这个原理用电阻器做到了人工神经元的物理实现。但是，由于早期的神经元还没有建立起 w 和 h 取值的一般规则，所以实用价值并不大。即便如此，这已经是人类在模拟生物响应方面一个巨大的进步。

6.2 感 知 机

感知机（Perceptron，也称感知器）的概念是 Rosenblatt 于 1958 年提出的。他认为如果要弄清楚高等生物是如何做到感知识别、概括、回想和思考能力的，必须解决三个基本的问题：① 生物系统是如何感知或检测其所处的物理世界的；② 获得的信息又是以何种形式存储或记忆的；③ 存储或记忆的信息又是如何影响认知和行为的。他认为第一个问题在感觉生理学领域已经有了很好的讨论结果，所以他将讨论的重点放在了后两个问题上。他构建了一个假想的神经系统（或机器），并将其命名为感知机。

与 M-P 模型不同，感知机模拟了人类通过试错的方式进行学习的过程，在机器学习领域也称为有监督的学习。基于已知的样本集，感知机先随机地设定权重值和阈值，由此可以计算出一组输出响应值。将这组输出响应值与已知样本集的真实响应值做对照，就能计算两者的差异程度，然后根据误差大小重新修正权重值和阈值，再进行计算，直到满足一定的收敛限，这个过程也称为误差修正学习。式（6.4）和式（6.5）为误差修正学习的数学模型：

$$w_i \leftarrow w_i + \alpha(r - y)x_i \tag{6.4}$$

$$h \leftarrow h + \alpha(r - y) \tag{6.5}$$

式中，r 是已知样本集的真实属性值，也称为期望输出；α 称为学习率。

学习率是一个比较特殊的参数，它必须事先设定。较大的 α 值使得修正权重值和阈值的速度较快，反之则慢。然而，如果 α 太大，则往往会导致学习过程不稳定；太小又会导致学习过程太长。所以，如何选取学习率是实际应用过程中的关键。算法 **3** 是描述感知机的一段伪代码。

算法 3　感知机算法

```
1:  procedure PERCEPTRON ALGORITHM
2:      Step 0：初始化：
3:          (1) 准备训练集样本（x_i, r_i），i = 1, 2, ..., N。
4:          (2) 初始化参数 w_i 和 h。
5:          (3) 给定学习率 α。
6:      Step 1：计算样本的第 i 个实例：
7:          Step 1.1 计算学习误差 (r_i − y_i)。
8:          Step 1.2 应用式（6.4）和式（6.5）调整 w_i 和 h。
9:          Step 1.3 重复 Step 1.1 和 Step 1.2 直至误差小于某个指定值。
10:     Step 2：设 i = i + 1，重复 Step 1，直至 i = N。
```

Rosenblatt 的论文发表的前一年，已经在 Cornell 航空实验室中利用 IBM704 计算机完成了感知机的仿真。1960 年，他设计并开发了基于感知机识别一些英文字母的神经计算机——Mark1，这可视为是机器学习诞生的标志。此后，研究人员发现感知机不仅能用于布尔运算，还可以用于拟合线性函数，实现线性分类和线性回归。

在感知机提出后不久，Widrow 提出了自适应神经元（adaptive linear neuron，Adaline）的概念。Adline 引入了线性激活函数来取代单位阶跃函数，定义了误差平方和为损失函数，使得机器学习的过程就是实现损失函数最小化的过程，这样可以通过梯度下降法来自动调节权重和阈值，很好地解决了最初的感知机需要人为调整权重和阈值的不足。基于这些研究成果，许多科研人员对于建立在感知机基础上的人工智能的实用化充满了期待。

然而，1969 年，Minsky 和 Papert 出版了一本讨论感知机的书，指出感知机无法解决线性不可分问题。他们的观点以及感知机在应用中遇到的问题，影响了感知机研究的热情，使得人工智能的研究陷入了低谷。

6.3　多层感知机和神经网络

1974 年，Werbos 在他的博士论文中提出了多层感知机模型，其特点是把输入信号作为输入层，期望值作为输出层，而在输入层和输出层之间加入多个中间层并称之为隐藏层。Werbos 还基于自动微分反向模型①（reverse mode of automatic differentiation）这种数学技术提出了训练神经网络的反向传播算法。此外，他还是循环神经网络（recurrent neural network，RNN）的先驱者之一。

1979 年，Fukushima 提出了分层人工神经网络模型，并将其命名为 Neocognitron，他的这一模型是受神经学家 David Hunter Hubel 和 Torsten Nils Wiesel 研究工作的影响而构建起来的。Hubel 和 Wiesel 在研究猫的神经系统时，认为大脑皮层的主要视觉皮层中，存在三种类型的细胞，它们之间是以层次结构相连接并处理视觉信息。Fukushima 仿照他们的研究工作从数学上构建了一个类似的神经回路模型，将图像的输入层和输出层连接起来，其中还包含了隐含层，这一模型称为卷积神经网络（convolutional neural network，CNN）。Fukushima 引入了无监督“竞争学习”机制，让神经元相互竞争输入数据，对输出响应最大的单元实行奖励性的更新。如此，多层神经回路就会自动生成适当的响应单元。

图 6.2 为一个全连接型的神经网络的示意图。与图 6.1 相比，这个图所展示的复杂程度

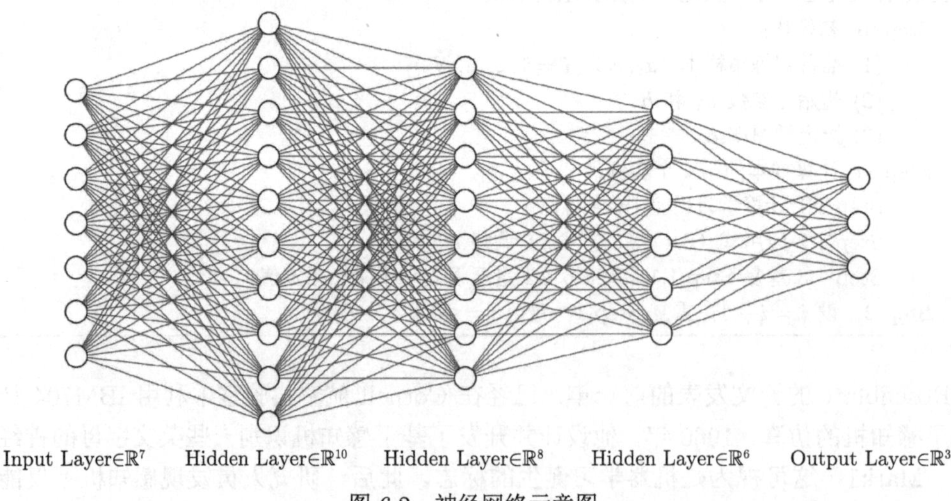

图 6.2　神经网络示意图

① 从文献追溯看，该方法是芬兰人 Seppo Linnainmaa 在其硕士论文中提出的。

显然要高得多，因而也可以预期其解决实际问题的能力也更强。从感知机这一节已经知道，连接权重和阈值是感知机的关键参数，一旦参数的正确值确定，整个神经网络也就建立起来，这个神经网络也就可以用于解决实际的问题。

当前的神经网络的形式和复杂程度远远超过图 6.2 所示的形式，涉及神经网络参数的估计方法也层出不穷。然而，从根本上说，其中最核心的部分依然是前向传播和反向传播。所以，本章中也仅限于介绍这两种传播方式的数学形式。读者在深入理解了前向传播和反向传播的数学原理和实现方法之后，再去学习其他神经网络算法相对更容易。

这里要说明一下，由于当前的机器学习普遍采用 Python 进行编程，并且网上有许多的程序资源可供下载，故本章将不再基于 Octave 编写演示代码。

6.4　神经网络的前向传播

图 6.3 为一个含有三层的神经网络的示意图，前一层的神经元与后一层的神经元均实现了连接，所以也将其称为全连接神经网络。输入端的节点数（即神经元数目）为 4，输出端的节点数为 3，而中间层的节点数为 5。

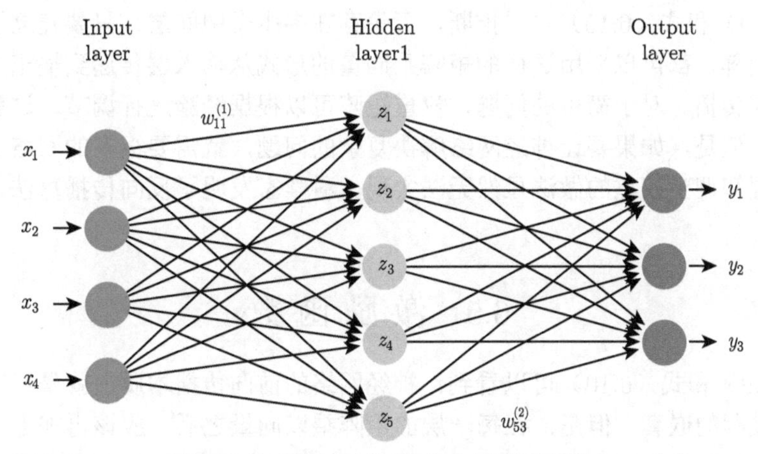

图 6.3　全连接神经网络前向传播示意图

图 6.3 中，$x_i\ (i=1,\cdots,4)$ 是外界输入值，$z_i\ (i=1,\cdots,5)$ 为中间层的值，$y_i\ (i=1,2,3)$ 为神经网络的输出值。$w_{11}^{(1)}$ 的上标表示第 1 层与第 2 层的连接权重值，而它的下标表示第 1 层的节点 1 连接第 2 层的节点 1。类似地，$w_{53}^{(2)}$ 表示第 2 层第 5 个节点连接第 3 层第 3 个节点的权重。其他的权重值不再画出。

所谓前向传播，实际上就是前一层的输入值乘以该层连接下一层的权重值，然后加和的结果。例如，对于第二层的 z_1，它的值表示如下：

$$z_1 = f\left(x_1 w_{11}^{(1)} + x_2 w_{21}^{(1)} + x_3 w_{31}^{(1)} + x_4 w_{41}^{(1)} + b_1^{(2)}\right) \tag{6.6}$$

式中，$b_1^{(2)}$ 表示第 2 层第 1 个节点的偏置值。如果定义一个输入 $x_0=1$，此时 $b_1^{(2)}=x_0 w_{01}^{(1)}$，

则式（6.6）可以写成：

$$z_1 = f\left(x_1 w_{11}^{(1)} + x_2 w_{21}^{(1)} + x_3 w_{31}^{(1)} + x_4 w_{41}^{(1)} + x_0 w_{01}^{(1)}\right) = f\left(\sum_{i=0}^{4} x_i w_{i1}^{(1)}\right) \tag{6.7}$$

所以，对于第 2 层的第 j 个节点，可以写出下面的一般表达式：

$$z_j = f\left(\sum_{i=0}^{4} x_i w_{ij}^{(1)}\right) \tag{6.8}$$

从式（6.8）可以看到，权重系数 $w_{ij}^{(1)}$ 实际上可构成一个矩阵，从第 1 层传至第 2 层的过程可以用下面的矩阵形式表达：

$$\boldsymbol{z} = f\left(\boldsymbol{W}^{(1)}\boldsymbol{x}\right) \tag{6.9}$$

有了矩阵表达形式，描述从第 2 层到第 3 层的传递就方便了，如下：

$$\boldsymbol{y} = f\left(\boldsymbol{W}^{(2)}\boldsymbol{z}\right) = f\left(\boldsymbol{W}^{(2)} f\left(\boldsymbol{W}^{(1)}\boldsymbol{x}\right)\right) \tag{6.10}$$

从式（6.9）和式（6.10）可以推断，无论存在多少个中间层，只要建立了层与层之间的连接权重矩阵，都可以采用这样的矩阵乘向量的形式从输入层传递到输出层，这就是神经网络的前向传播。对于简单的问题，权重矩阵可以根据经验进行调节，这就是最初的感知机的做法。但是，如果要让神经网络解决复杂的问题，就需要很多的网络层和很多的节点，人工设置和调整权重的做法显然无法实现。科学家发明了反向传播算法，很好地解决了这个问题。

6.5 激励函数

从式（6.9）和式（6.10）可以看到，神经网络的前向传播本质上就是矩阵乘以向量这样一种计算过程的嵌套。但是，在每一层的矩阵乘以向量之后，应该再加上一个激励函数的作用。这一点很重要！原因很简单，如果不加激励函数的作用，则无论网络有多少层，所有权重矩阵相乘的结果就变成一个权重矩阵，整个神经网络就是简单的线性变换，无法解决复杂的非线性问题。激励函数的引入，一方面有生物学的基础，另一方面则可以使得神经网络的响应呈现非线性化，从而能够解决复杂的问题。

在前面的感知机这一节，激励函数采用的是阶跃函数，它实际也是反映了认知过程从量变到质变这样一个过程。然而，阶跃函数在大多数位置的导数为 0，模拟不了人类学习过程的渐进性，即一点一点地学习积累，最终达到对于知识的掌握这样一个过程。所以，科学家尝试采用其他的函数来取代阶跃函数作为激励函数。

当前所使用的激励函数有很多，如 sigmoid 函数、tanh 函数、线性整流函数（rectified linear unit，ReLU）等。sigmoid 函数有如下的数学形式：

$$f(x) = \frac{1}{1 + \mathrm{e}^{-x}} \tag{6.11}$$

图 6.4 是 sigmoid 函数的图形。可以看到它有几个优点：① 它的值域在 0 和 1 之间；② 函数具有非常好的对称性；③ 函数对于一定范围内的变量取值不敏感，但某个范围内较为敏感。由于 sigmoid 函数的值域在 0 和 1 之间，所以如果将它用于二分类中时，输出值就是事件的概率，可用于概率的分类。

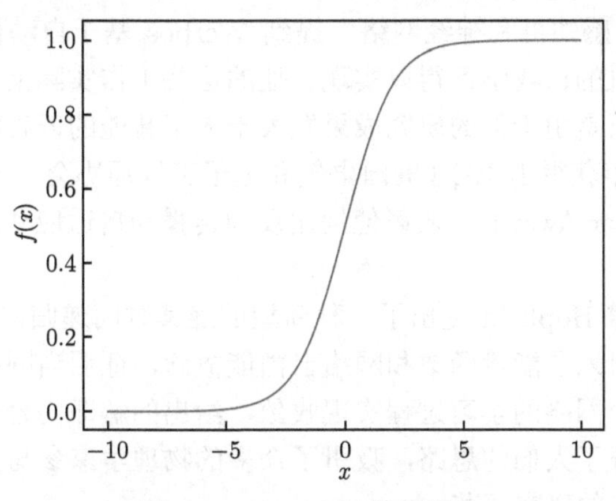

图 6.4　sigmoid 函数的形态

sigmoid 函数更为特殊的地方在于其导数具有式（6.12）的形式，即它的导数可以通过函数值直接计算出来，所以在涉及求导运算时显得特别方便。sigmoid 函数的这些优良特性使得它被广泛用于神经网络的计算中。

$$f'(x) = f(x)[1 - f(x)] \tag{6.12}$$

当然，sigmoid 函数也有它的不足之处，当输入非常大（或者非常小）时，这些神经元的梯度接近于 0，这就使得训练过程权重的更新失效。近年来 ReLU 被广泛用于神经网络训练，它有如下的数学形式：

$$f(x) = \begin{cases} 0, & x \leqslant 0 \\ x, & x > 0 \end{cases} \tag{6.13}$$

并且，ReLU 的导数更为简单，如下：

$$f'(x) = \begin{cases} 0, & x \leqslant 0 \\ 1, & x > 0 \end{cases} \tag{6.14}$$

然而，ReLU 的这一优点也是它的缺点：有可能输出过多的 0 从而导致神经网络的训练过程停滞不前。当前用得更多的是 ReLU 的一个修改版本——Leaky ReLU，它有如下的数学形式：

$$f(x) = \begin{cases} 0.01x, & x \leqslant 0 \\ x, & x > 0 \end{cases} \tag{6.15}$$

可以看到，通过引入一个小的系数，Leaky ReLU 在一定程度上可以避免过多的 0 值出现，使得神经网络的训练过程能够进行下去。

6.6　神经网络的反向传播

从6.4节的内容中可以看到，输入信号与输出信号通过权重矩阵连接起来。但是，如何确定权重矩阵却没有规则可循，对于简单问题还可采用试错的方法，对于复杂问题则无从下手。在“6.3 多层感知机和神经网络”提到 Werbos 基于自动微分反向模型来训练多层网络，使多层感知机的自我学习得以实现。他的这些工作实际上也是当前的神经网络反向传播技术的前身，只是由于他的研究成果发表于人工智能的低谷时期而未受到广泛的关注。Werbos 于 1995 年获得 IEEE（美国电气和电子工程师协会）神经网络先驱奖（IEEE Neural Network Pioneer Award），表彰他提出反向传播和自适应动态规划等基本神经网络学习框架。

1982 年，物理学家 Hopfield 提出了一种新型的连续时间递归神经网络模型。他以物理学家的视角和方法，引入了能量函数和网络自由能概念，证明当网络从高能状态到达最小能量函数状态时，整个网络的学习过程实现收敛，给出的解即为合理的结果。Hopfield 的文章发表后，重新打开了人们的思路，吸引了众多的物理学家参与人工智能领域的研究之中，逐渐使得人工智能的研究复苏。

1986 年，Rumelhart 等人在 *Nature* 杂志发表了一篇论文，明确提出了误差反向传播（back-propagating error）这个术语。从他们引用的文献看，似乎并不知道 Werbos 于 1974 年的博士研究工作。此后很多年，误差反向传播技术一直被认为是 Rumelhart 等提出的。然而，Schmidhuber 教授通过对历史文献的挖掘发现，反向传播最早是由 Kelley 于 1960 年提出的。现代版本则是 Linnainmaa 于 1970 年提出的，并且其算法一直被用于神经网络的现代软件包中。反向传播究竟应该归属于谁最先提出，这个问题恐怕在将来才能有定论，这里不再进一步讨论。

图 6.5 为神经网络反向传播示意图，为了后续的讨论能够一般化，节点数设定为变量。图中的 $r_i\ (i=1,2,\cdots,q)$ 是真值，$(y_i-r_i)\ (i=1,2,\cdots,q)$ 是预测误差，神经网络的学习就是要总的预测误差最小化。为了让读者能够更好地理解反向传播，下面以尽可能详细的方法来讲解反向传播的数学原理。

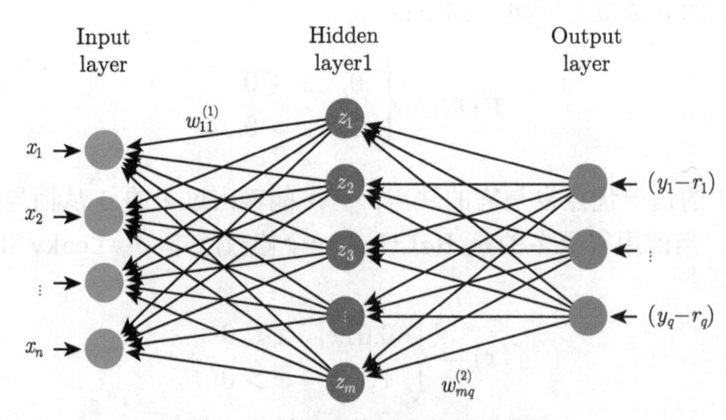

图 6.5　神经网络反向传播示意图

设输入层 $\boldsymbol{x}_{n\times1}^{(0)}$ 作为第 0 层，$\boldsymbol{W}^{(1)}$ 表示第 1 层权重矩阵，$\boldsymbol{z}^{(1)}$ 表示第 1 输出层的值向量。$\boldsymbol{W}^{(2)}$ 表示第 2 层权重矩阵，$\boldsymbol{y}^{(2)}$ 表示第 2 输出层的值向量。本例中的第 2 输出层也是整个网络的最终输出层，上标括号表示层。$\boldsymbol{r}$ 是真值向量。

输出层向量可以表示如下：

$$\boldsymbol{y}_{q\times1}^{(5)} = f\left(\boldsymbol{W}_{q\times m}^{(2)} \times \boldsymbol{z}_{m\times1}\right) \tag{6.16}$$

如果以残差平方和为损失函数 $\mathcal{L}$，则

$$\mathcal{L} = \frac{1}{2}\sum_{k=1}^{q}\left(y_k^{(2)} - r_k\right)^2 \tag{6.17}$$

式中，1/2 是为了后续求导运算后不存在系数项而设。如果将 $\mathcal{L}$ 对权重矩阵 $\boldsymbol{W}^{(2)}$ 的元素 $w_{ij}^{(2)}$ 求导，结果如下：

$$\frac{\partial\mathcal{L}}{\partial w_{ij}^{(2)}} = \frac{\partial\left(\frac{1}{2}\sum\limits_{k=1}^{q}\left(y_k^{(2)} - r_k\right)^2\right)}{\partial w_{ij}^{(2)}} = \left(y_i^{(2)} - r_i\right)\frac{\partial y_i^{(2)}}{\partial w_{ij}^{(2)}} \tag{6.18}$$

这里要说明一下，由于权重系数之间相互独立，所以 $k \neq i$ 项的导数均为零。最右边的偏导数项可以进一步展开：

$$\begin{aligned}
\frac{\partial y_i^{(2)}}{\partial w_{ij}^{(2)}} &= \frac{\partial f\left(\sum\limits_{k=1}^{n} w_{ik}^{(2)} z_k^{(1)}\right)}{\partial w_{ij}^{(2)}} \\
&= \frac{\partial f\left(\sum\limits_{k=1}^{n} w_{ik}^{(2)} z_k^{(1)}\right)}{\partial\left(\sum\limits_{k=1}^{n} w_{ik}^{(2)} z_k^{(1)}\right)} \times \frac{\partial\left(\sum\limits_{k=1}^{n} w_{ik}^{(2)} z_k^{(1)}\right)}{\partial w_{ij}^{(2)}} \\
&= \frac{\partial f\left(\sum\limits_{k=1}^{n} w_{ik}^{(2)} z_k^{(1)}\right)}{\partial\left(\sum\limits_{k=1}^{n} w_{ik}^{(2)} z_k^{(1)}\right)} \times z_j^{(1)}
\end{aligned} \tag{6.19}$$

式（6.19）中的偏导数项，实际上是激励函数的导数，其结果是一个标量。在本例中，它是与第 2 层权重矩阵以及下标 i 相对应的量，可以定义其为

$$\delta_i^{(2)} = \frac{\partial f\left(\sum\limits_{k=1}^{n} w_{ik}^{(2)} z_k^{(1)}\right)}{\partial\left(\sum\limits_{k=1}^{n} w_{ik}^{(2)} z_k^{(1)}\right)} \tag{6.20}$$

如果激励函数是 sigmoid 函数，则

$$\delta_i^{(2)} = y_i^{(2)}\left(1 - y_i^{(2)}\right) \tag{6.21}$$

所以

$$\frac{\partial \mathcal{L}}{\partial w_{ij}^{(2)}} = \left(y_i^{(2)} - r_i\right) \times \delta_i^{(2)} \times z_j^{(1)} \tag{6.22}$$

从式（6.22）可以看到，求导的结果是一个与下标 i 和 j 有关的项的乘积，它与 $w_{ij}^{(2)}$ 的下标对应。如果将下标 j 拓展，即 $\mathcal{L}$ 对 $\boldsymbol{W}^{(2)}$ 的第 i 行的所有元素求导，其结果如下：

$$\begin{aligned}\frac{\partial \mathcal{L}}{\partial \boldsymbol{w}_{i\cdot}^{(2)}} &= \left(y_i^{(2)} - r_i\right) \times \delta_i^{(2)} \times \begin{bmatrix} z_1^{(1)} & z_2^{(1)} & \cdots & z_m^{(1)} \end{bmatrix} \\ &= \left(y_i^{(2)} - r_i\right) \times \delta_i^{(2)} \times \left(\boldsymbol{z}_{m\times 1}^{(1)}\right)^{\mathrm{T}}\end{aligned} \tag{6.23}$$

基于式（6.23）的结果可以直接写出 $\mathcal{L}$ 对权重矩阵 $\boldsymbol{W}^{(2)}$ 的偏导数，如下：

$$\begin{aligned}\mathrm{d}\boldsymbol{W}_{q\times m}^{(2)} &= \begin{bmatrix} \dfrac{\partial \rho}{\partial \boldsymbol{W}_{1\cdot}^{(2)}} \\ \dfrac{\partial \rho}{\partial \boldsymbol{W}_{2\cdot}^{(2)}} \\ \vdots \\ \dfrac{\partial \rho}{\partial \boldsymbol{W}_{q\cdot}^{(2)}} \end{bmatrix} = \begin{bmatrix} \left(y_1^{(2)} - r_1\right)\delta_1^{(2)}\left(\boldsymbol{z}_{m\times 1}^{(1)}\right)^{\mathrm{T}} \\ \left(y_2^{(2)} - r_2\right)\delta_2^{(2)}\left(\boldsymbol{z}_{m\times 1}^{(1)}\right)^{\mathrm{T}} \\ \vdots \\ \left(y_q^{(2)} - r_q\right)\delta_q^{(2)}\left(\boldsymbol{z}_{m\times 1}^{(1)}\right)^{\mathrm{T}} \end{bmatrix} \\ &= \left(\left(\boldsymbol{y}_{q\times 1}^{(2)} - \boldsymbol{t}_{q\times 1}\right) \circ \boldsymbol{\delta}_{q\times 1}^{(2)}\right) \times \left(\boldsymbol{z}_{m\times 1}^{(1)}\right)^{\mathrm{T}}\end{aligned} \tag{6.24}$$

式中，$\circ$ 表示 Hadamard 积，即向量对应元素相乘。求得权重矩阵的变化率之后，反向调整权重矩阵的方法为

$$\boldsymbol{W}^{(2)} \leftarrow \boldsymbol{W}^{(2)} - \eta \times \mathrm{d}\boldsymbol{W}^{(2)} = \boldsymbol{W}^{(2)} - \eta \times \left(\left(\boldsymbol{y}_{q\times 1}^{(2)} - \boldsymbol{r}_{q\times 1}\right) \circ \boldsymbol{\delta}_{q\times 1}^{(2)}\right) \times \left(\boldsymbol{z}_{m\times 1}^{(1)}\right)^{\mathrm{T}} \tag{6.25}$$

式中，η 是学习率。

我们再来计算损失函数 $\mathcal{L}$ 对权重矩阵 $\boldsymbol{W}^{(1)}$ 的导数。从输入层 $\boldsymbol{x}^{(0)}$ 到中间层 $\boldsymbol{z}^{(1)}$ 的传播过程为

$$\boldsymbol{z}_{m\times 1}^{(1)} = f\left(\boldsymbol{W}_{m\times n}^{(1)} \times \boldsymbol{x}_{n\times 1}^{(0)}\right) \tag{6.26}$$

从 $\boldsymbol{z}_{m\times 1}^{(1)}$ 到 $\boldsymbol{y}_{q\times 1}^{(2)}$ 的传播过程实际上为

$$\boldsymbol{y}_{q\times 1}^{(2)} = f\left(\boldsymbol{W}_{q\times m}^{(2)} \times \boldsymbol{z}_{m\times 1}^{(1)}\right) = f\left(\boldsymbol{W}_{q\times m}^{(2)} \times f\left(\boldsymbol{W}_{m\times n}^{(1)}\boldsymbol{x}_{n\times 1}^{(0)}\right)\right) \tag{6.27}$$

仿照上面的做法，将损失函数 $\mathcal{L}$ 对 $w_{ij}^{(1)}$ 求导，得

$$\frac{\partial \mathcal{L}}{\partial w_{ij}^{(1)}}=\frac{\partial\left(\frac{1}{2}\sum_{k=1}^{q}\left(y_k^{(2)}-r_k\right)^2\right)}{\partial w_{ij}^{(1)}}=\sum_{k=1}^{q}\left(y_k^{(2)}-r_k\right)\times\frac{\partial y_k^{(2)}}{\partial w_{ij}^{(1)}} \tag{6.28}$$

将最后一项展开，得

$$\frac{\partial y_k^{(2)}}{\partial w_{ij}^{(1)}}=\frac{\partial f\left(\boldsymbol{w}_{k\cdot}^{(2)}\times \boldsymbol{z}_{m\times 1}^{(1)}\right)}{\partial w_{ij}^{(1)}}=\frac{\partial f\left(\sum_{l=1}^{m} w_{kl}^{(2)}\times z_l^{(1)}\right)}{\partial w_{ij}^{(1)}} \tag{6.29}$$

根据式（6.26）可推断出只有 $l=i$ 的项不为 0，所以

$$\begin{aligned}
\frac{\partial y_k^{(2)}}{\partial w_{ij}^{(1)}}&=\frac{\partial f\left(\boldsymbol{w}_{k\cdot}^{(2)}\times \boldsymbol{z}_{m\times 1}^{(1)}\right)}{\partial w_{ij}^{(1)}}\\
&=\frac{\partial f\left(w_{ki}^{(2)}\times z_i^{(1)}\right)}{\partial w_{ij}^{(1)}}\\
&=\frac{\partial f\left(w_{ki}^{(2)}\times z_i^{(1)}\right)}{\partial\left(w_{ki}^{(2)}\times z_i^{(1)}\right)}\times\frac{\partial\left(w_{ki}^{(2)}\times z_i^{(1)}\right)}{\partial w_{ij}^{(1)}}\\
&=\delta_k^{(2)}\times\frac{\partial\left(w_{ki}^{(2)}\times z_i^{(1)}\right)}{\partial w_{ij}^{(1)}}\\
&=\delta_k^{(2)}\times w_{ki}^{(2)}\times\frac{\partial z_i^{(1)}}{\partial w_{ij}^{(1)}}
\end{aligned} \tag{6.30}$$

将最后一项的偏导数展开，得

$$\begin{aligned}
\frac{\partial z_i^{(1)}}{\partial w_{ij}^{(1)}}&=\frac{\partial\left(\sum_{p=1}^{n} w_{ip}^{(1)}x_p^{(0)}\right)}{\partial w_{ij}^{(1)}}\\
&=\frac{\partial f\left(\sum_{p=1}^{n} w_{ip}^{(1)}x_p^{(0)}\right)}{\partial\left(\sum_{p=1}^{n} w_{ip}^{(1)}x_p^{(0)}\right)}\times\frac{\partial\left(\sum_{p=1}^{n} w_{ip}^{(1)}x_p^{(0)}\right)}{\partial w_{ij}^{(1)}}\\
&=\delta_i^{(1)}\times x_j^{(0)}
\end{aligned} \tag{6.31}$$

所以，损失函数 $\mathcal{L}$ 对 $w_{ij}^{(1)}$ 的求导结果为

$$\frac{\partial \mathcal{L}}{\partial w_{ij}^{(1)}}=\sum_{k=1}^{q}\left(y_k^{(2)}-r_k\right)\times\delta_k^{(2)}\times w_{ki}^{(2)}\times\delta_i^{(1)}\times x_j^{(0)}\qquad i=1,2,\cdots,m;j=1,2,\cdots,n \tag{6.32}$$

仿照式（6.32)，损失函数 $\mathcal{L}$ 对 $\boldsymbol{W}_{i\cdot}^{(1)}$ 的求导结果为

$$\frac{\partial \mathcal{L}}{\partial \boldsymbol{W}_{i\cdot}^{(1)}}=\sum_{k=1}^{q}\left(y_k^{(2)}-r_k\right)\times\delta_k^{(2)}\times w_{ki}^{(2)}\times\delta_i^{(1)}\times\left(\boldsymbol{x}_{n\times1}^{(0)}\right)^{\mathrm{T}} \tag{6.33}$$

损失函数 $\mathcal{L}$ 对 $\boldsymbol{W}^{(1)}$ 的求导结果为

$$\begin{aligned}\frac{\partial \mathcal{L}}{\partial \boldsymbol{W}_{m\times n}^{(1)}}&=\begin{bmatrix}\dfrac{\partial\rho}{\partial \boldsymbol{w}_{1\cdot}^{(1)}}\\ \dfrac{\partial\rho}{\partial \boldsymbol{w}_{2\cdot}^{(1)}}\\ \vdots\\ \dfrac{\partial\rho}{\partial \boldsymbol{w}_{m\cdot}^{(1)}}\end{bmatrix}=\begin{bmatrix}\sum_{k=1}^{q}\left(y_k^{(2)}-r_k\right)\times\delta_k^{(2)}\times w_{k1}^{(2)}\times\delta_1^{(1)}\times\left(\boldsymbol{x}_{n\times1}^{(0)}\right)^{\mathrm{T}}\\ \sum_{k=1}^{q}\left(y_k^{(2)}-r_k\right)\times\delta_k^{(2)}\times w_{k2}^{(2)}\times\delta_2^{(1)}\times\left(\boldsymbol{x}_{n\times1}^{(0)}\right)^{\mathrm{T}}\\ \vdots\\ \sum_{k=1}^{q}\left(y_k^{(2)}-r_k\right)\times\delta_k^{(2)}\times w_{km}^{(2)}\times\delta_m^{(1)}\times\left(\boldsymbol{x}_{n\times1}^{(0)}\right)^{\mathrm{T}}\end{bmatrix}\\
&=\begin{bmatrix}\sum_{k=1}^{q}\left(y_k^{(2)}-r_k\right)\times\delta_k^{(2)}\times w_{k1}^{(2)}\times\delta_1^{(1)}\\ \sum_{k=1}^{q}\left(y_k^{(2)}-r_k\right)\times\delta_k^{(2)}\times w_{k2}^{(2)}\times\delta_2^{(1)}\\ \vdots\\ \sum_{k=1}^{q}\left(y_k^{(2)}-r_k\right)\times\delta_k^{(2)}\times w_{km}^{(2)}\times\delta_m^{(1)}\end{bmatrix}\times\left(\boldsymbol{x}_{n\times1}^{(0)}\right)^{\mathrm{T}}\\
&=\left[\boldsymbol{W}_{m\times q}^{(2)}\circ\boldsymbol{\delta}_{m\times1}^{(1)}\right]\times\left[\left(\boldsymbol{y}_{q\times1}-\boldsymbol{r}_{q\times1}\right)\circ\boldsymbol{\delta}_{q\times1}^{(2)}\right]\times\left(\boldsymbol{x}_{n\times1}^{(0)}\right)^{\mathrm{T}}\end{aligned} \tag{6.34}$$

如果最后一层是第 L 层，则根据式 (6.24) 和式 (6.34) 可以写出最后两层的权重矩阵的变化率，如下：

$$\mathrm{d}\boldsymbol{W}^{(L)}=\left[(\boldsymbol{y}-\boldsymbol{r})\circ\ \boldsymbol{\delta}^{(L)}\right]\times\left(\boldsymbol{z}^{(L-1)}\right)^{\mathrm{T}} \tag{6.35}$$

$$\mathrm{d}\boldsymbol{W}^{(L-1)}=\left[\boldsymbol{W}^{(L)}\circ\boldsymbol{\delta}^{(L-1)}\right]\times\left[(\boldsymbol{y}-\boldsymbol{r})\circ\boldsymbol{\delta}^{(L)}\right]\times\left(\boldsymbol{x}^{(L-2)}\right)^{\mathrm{T}} \tag{6.36}$$

这里，为了更清晰地展示变化规律，有意忽略了下标的表达。

从这两个式子可以看到，最后一层与其前一层之间既有联系，也有不同。从 $L-1$ 层再往前，本质上已经没有差异，所以误差反向传播的计算公式具有确定的规律性，可以编程处理。

6.7 应用举例

在学习了上面的内容之后，大致可以编写一个简版的机器学习程序，当然这需要有很好的编程基础。当前已经可以从各种渠道获得很多相关的资料，故本书不再从头开始编写相关的代码，而是介绍一个现成的例子，让读者可以略知其中的一般做法。

当前主流的机器学习程序多数已经开源，读者有兴趣的话可以下载源码阅读学习。这些主流的机器学习框架有 TensorFlow（谷歌公司维护）、Caffe（加利福尼亚大学伯克利分校的视觉与学习中心维护）、MXNet（分布式机器学习社区维护）、Theao（蒙特利尔大学维护）、Torch（Ronan Collobert 等维护）、Microsoft Cognitive Toolkit（微软的深度学习框架，当前已开源），等等。由于 TensorFlow 影响力最大，并且由谷歌公司维护，故本节给出一个应用 TensorFlow 的极简例子。

程序示例 6.1 为采用 TensorFlow 做一元线性回归的例子。这个例子虽然很简单，但是却很适合学习化学计量学的初学者，它采用了与前面的做法完全不同的方式来建立回归方程。这里需要说明，由于 TensorFlow 自身在快速的发展中，版本之间的命令可能会有不同。本例是在 TensorFlow 1.14 环境下运行。如果读者使用了其他版本（如 2.0 以上版本），可能会出现很多的提示，甚至错误。

程序示例 6.1　机器学习做线性回归

```
1  ## 演示用 TensorFlow 建立线性回归
2  ## 本例在 TensorFlow 1.14 版下运行
3  import tensorflow as tf
4  import numpy as np
5
6  ## 1. 准备数据。
7  ## 本数据用 A = 0.6c + 0.2 + randn*0.05 模拟浓度与吸光度关系。
8  data = np.loadtxt('./data/demo_lr_data_3.csv',delimiter=',')
9  sample_num = data.shape[0]   ## 样本数
10 c = data[:,0]                ## 浓度值 mol/L
11 A = data[:,1]                ## 吸光度值
12 c = c.reshape(sample_num,1)  ## 转化为列向量
13 A = A.reshape(sample_num,1)
14
15 lr = 0.01  ## 学习率
16 k0 = 0.0  ## 校正曲线斜率
17 b0 = 0.0  ## 校正曲线截距
18
19 ## 2. 构建模型参数
20 ## 构建浓度变量占位符
21 x = tf.placeholder(dtype=tf.float32, shape=(None,1))
22 ## 构建吸光度计算值占位符
23 hat_y = tf.placeholder(dtype=tf.float32, shape=(None,1))
24 ## 斜率（对应于权重）
25 k = tf.Variable(initial_value = [[1]], dtype = tf.float32)
26 ## 截距（对应于偏置）
27 b = tf.Variable(initial_value = [[1]],dtype=tf.float32)
28 ## 定义计算，对应于线性方程 A = k*c + b
29 y = tf.matmul(x,k) + b
30 ## 以均方差为损失函数
31 loss_fun = tf.reduce_sum(tf.pow((y - hat_y),2)) / sample_num
32 ## 采用梯度下降法优化网络
33 optimizer = tf.train.GradientDescentOptimizer(learning_rate = lr)
34 ## 优化操作
35 train_op = optimizer.minimize(loss = loss_fun)
36
```

```
## 3. 定义会话并初始化全部变量
sess = tf.Session()
sess.run(tf.global_variables_initializer())

## 4. 进入模型训练
for i in range(0,10000):
    ## 训练
    _,k_val,b_val,loss_val = sess.run([train_op,k,b,loss_fun],
                                      feed_dict={x:c,hat_y:A})
    ## 每经过 1000 次训练, 显示当前结果。
    if i > 0 and (i+1)%1000 == 0:
        print('训练次数 %d, k = %f, b = %f, loss_fun = %f' % \
            (i+1,k_val,b_val,loss_val))
    ## 返回斜率和截距
    k0 = k_val
    b0 = b_val

## 5. 训练完之后关闭会话
sess.close()

"""
训练次数 1000, k = 0.593996, b = 0.207984, loss_fun = 0.002292
训练次数 2000, k = 0.596560, b = 0.206645, loss_fun = 0.002291
训练次数 3000, k = 0.597651, b = 0.206075, loss_fun = 0.002291
训练次数 4000, k = 0.598111, b = 0.205835, loss_fun = 0.002290
训练次数 5000, k = 0.598306, b = 0.205733, loss_fun = 0.002290
训练次数 6000, k = 0.598390, b = 0.205689, loss_fun = 0.002290
训练次数 7000, k = 0.598429, b = 0.205668, loss_fun = 0.002290
训练次数 8000, k = 0.598429, b = 0.205668, loss_fun = 0.002290
训练次数 9000, k = 0.598429, b = 0.205668, loss_fun = 0.002290
训练次数 10000, k = 0.598429, b = 0.205668, loss_fun = 0.002290
"""
```

从上面的程序示例 6.1 代码中可以看到，应用 TensorFlow 大致可以分为数据准备、构建模型参数、定义会话并初始化参数、进入模型训练和训练完之后关闭会话几个步骤。在本例中，作者基于朗伯-比尔定律构建一套线性相关数据并加入了适当大小的随机噪声。模拟数据保存在 demo_lr_data_1.csv 文件中，以逗号分隔。程序示例 6.1 中的第 8 行 ~ 第 13 行读取该模拟数据并赋值给相应的变量，用于后续的建模之用。

第 15 ~ 17 行定义了学习率和需要得到的回归方程的斜率和截距，可返回到其他程序中使用。

第 21 ~ 23 行定义了两个占位符。占位符是 TensorFlow 的特色。占位符的用处是给定一个某一维（或多维）大小可变的数组，在实际的运算过程中可以适应不同大小的数据，增加了灵活性。在本示例代码中，x 和 hat_y 是两个列向量，它们的行数的大小用了关键字 None，表示不确定大小，而是根据具体数据自适应。

第 25 行和第 27 行定义了斜率和截距两个变量，并且赋值为 1。变量与占位符不同，前者的值在训练过程中是会发生改变的，而后者只作为一个容器盛放训练集数据。

第 29 行定义了一个线性相关关系的数学计算方式。tf.matmul( ) 函数使 x 和 k 按照矩阵乘法进行相乘运算，然后再加上截距 b。

第 31 行定义了损失函数的计算方式，这里使用的是熟知的均方差函数，本质上等同于前面做线性回归的残差平方和。

第 33 行定义了训练神经网络的优化器，这里采用 tf.train.GradientDescentOptimizer，其下降的速度用学习率 learning_rate 参数控制。

第 35 行利用前面定义的优化器对损失函数进行最小化操作，所使用的函数是 minimize( )。这个函数实际上处理梯度计算和参数更新两个操作，即实现神经网络的反向传播。

第 38 行和第 39 行定义一个会话并对前面的所有变量做初始化操作。在此之前，定义的所有变量和操作均处于一种“静态”，至此才被“唤醒”。在训练神经网络的时候，这一步不能少，否则会报错。

第 42 行开始训练神经网络，这里采用训练 10000 个循环。究竟该训练多少个循环没有定则，需要根据训练的中间结果来确定。这里的训练方式采用一次训练更新一次权重的方法。有些训练采用训练轮数修改权重的方法，用户可根据具体情况进行选择。

第 44 行是神经网络的训练的核心部分，sess.run( ) 函数启动了训练过程，该函数的第一个变量是列表，其中包含了优化操作和其他的变量，第二个变量是一个字典关键词 feed_dict 控制的训练数据字典集，这里是浓度和吸光度向量。单词 feed 有“喂”的意思，这里可以形象地理解为给训练过程“喂”数据，让神经网络通过这些数据学习知识。本例中所涉及的数据集很小，只有 200 个样本，所以将全部数据一次“喂”入训练过程。对于大型数据，应采用分批次以较小的数量引入数据，否则计算负担太重。

第 51 行和第 52 行以显式的方式将斜率和截距导出，这是一种显式的导出方法。对于 TensorFlow 而言，它是基于一个称为 Graph 的框架基础上的，习惯的做法是将整个 Graph 导出并保存下来用于后续的应用，限于篇幅，这里不做展开讨论。

第 55 行关闭会话。在本例中是以显式的方式建立会话，故而在最后也以显式的方式关闭会话。否则的话，可能会提示错误。

第 58 行 ~ 第 77 行显示了每经过 1000 轮训练后的结果，从中可以看到，当训练到第 3000 轮的时候，截距就达到 0.6 左右，在误差范围内是可以接受的结果。

至此，采用 TensorFlow 建立回归方程的过程就结束了。后续使用得到的斜率和截距就可建立回归方程用于相关分析，此不赘述。

在 2019 年 3 月，谷歌的 TensorFlow 团队发布了 TensorFlow 2.0-Alpha 版本，对 TensorFlow 1.x 版本进行大规模改造。当前的 TensorFlow 2.x 版本具有调试简单、应用程序接口（API）相对清晰、构建模型相对容易等优点。TensorFlow 2.x 还内置了对 GPU 的支持，只要安装相对应的 cudatoolkit 包和 cuDnn 包，就可以利用 GPU 进行机器学习计算。这里给出一个前面的程序示例 6.1 用 TensorFlow 2.4.1 重新实现的一个例子。

程序示例 6.2　机器学习做线性回归

```
1  ## tensorflow 2.4.1
2
3  import tensorflow as tf
4  import numpy as np
5
6  # 批次采样
```

```
7   def create_batch(data,batch_size):
8       """
9       不重复采样
10      """
11      (m,n) = data.shape
12      idx = np.random.choice(m,batch_size,replace=False)
13      xs = data[idx,:]
14      return xs
15  ## end of def create_batch(...)
16
17  ## A = 0.6c + 0.2 + randn*0.05
18  data = np.loadtxt('./data/demo_lr_data_3.csv',delimiter=',')
19
20  ## 定义初始化器
21  initializer = tf.ones_initializer()
22
23  ## 定义变量：斜率 k 和截距 b
24  k = tf.Variable(initializer(shape=(1, ), dtype=tf.float64), name="k")
25  b = tf.Variable(initializer(shape=(1, ), dtype=tf.float64), name="b")
26
27  batch_num  = 10
28  batch_size = 20    ## 批次尺寸
29  epochs = 2000      ## 训练次数
30  epshow = 200
31
32  ## 定义优化器
33  optimizer = tf.optimizers.Adam()
34
35  ## 进入训练轮次
36  for epoch in range(epochs):
37      for j in range(batch_num):
38          ## 采样
39          data_j = create_batch(data,batch_size)
40          c_batch = data_j[:,0]
41          A_batch = data_j[:,1]
42
43          ## 进入模型训练
44          with tf.GradientTape() as tape:
45              hat_A = k * c_batch + b
46              loss_fun = tf.reduce_mean(tf.math.pow(hat_A - A_batch,2))
47
48          train_variables = [k,b]
49          grads = tape.gradient(loss_fun,train_variables)
50          optimizer.apply_gradients(zip(grads,train_variables))
51
52      if epoch > 0 and (epoch+1)%epshow == 0:
53          print("epoch %d, k = %f, b = %f, 损失函数 = %f" % (
54              epoch+1,k.numpy(),b.numpy(),loss_fun) )
55
56  """
57  运行结果：
58  epoch 200, k = 0.404950, b = 0.309575, 损失函数 = 0.003631
59  epoch 400, k = 0.531663, b = 0.240670, 损失函数 = 0.001865
```

```
epoch 600, k = 0.593967, b = 0.207933, 损失函数 = 0.002698
epoch 800, k = 0.599608, b = 0.206620, 损失函数 = 0.002394
epoch 1000, k = 0.599595, b = 0.203257, 损失函数 = 0.003920
epoch 1200, k = 0.595982, b = 0.206595, 损失函数 = 0.003487
epoch 1400, k = 0.600214, b = 0.201276, 损失函数 = 0.001113
epoch 1600, k = 0.598944, b = 0.209028, 损失函数 = 0.002180
epoch 1800, k = 0.601349, b = 0.204697, 损失函数 = 0.004140
epoch 2000, k = 0.599302, b = 0.201845, 损失函数 = 0.001862
"""
```

从程序示例 6.2 可以看到，TensorFlow 2.x 在构建代码方面有了更大的灵活性，代码也更为直观。在本例的第 7 行增加了一个随机采样函数，每次取出少量数据进行训练，对于大数据而言是有益的。

在 TensorFlow 2.x 中，由于很好地集成了 Keras 的应用程序接口，因而推荐使用 Keras 构建模型。利用 Keras 的模型（model）和层（layer）可以将拟设计的网络的各层封装为一个类，既清晰也便于修改。程序示例 6.3 是对上面的例子采用这种编程思路重新构建的代码。

程序示例 6.3　机器学习做线性回归

```
## tensorflow 2.4.1

import tensorflow as tf
import numpy as np

# 批次采样
def create_batch(data,batch_size):
    """
    不重复采样
    """
    (m,n) = data.shape
    idx = np.random.choice(m,batch_size,replace=False)
    xs = data[idx,:]
    return xs
## end of def create_batch(...)

class Linearfit(tf.keras.Model):
    def __init__(self):
        super().__init__()
        self.dense = tf.keras.layers.Dense(
            units = 1,
            activation=None,
            kernel_initializer=tf.zeros_initializer(),
            bias_initializer=tf.zeros_initializer()
        )

    def call(self, input):
        output = self.dense(input)
        return output
## end of class Linearfit(...)

```

```
32  ## 调入数据
33  ## A = 0.6c + 0.2 + randn*0.05
34  data = np.loadtxt('./data/demo_lr_data_3.csv',delimiter=',')
35
36  batch_num  = 10
37  batch_size = 20    ## 批次尺寸
38  epochs = 2000      ## 训练轮数
39  epshow = 200
40
41  ## 定义模型
42  model = Linearfit()
43  optimizer = tf.optimizers.Adam()
44
45  ## 进入训练轮次
46  for epoch in range(epochs):
47      for j in range(batch_num):
48          ## 采样
49          data_j = create_batch(data,batch_size)
50          c_batch = data_j[:,0].reshape([batch_size,1])
51          A_batch = data_j[:,1].reshape([batch_size,1])
52
53          ## 进入模型训练
54          with tf.GradientTape() as tape:
55              hat_A = model(c_batch)  ## 不再显式调用 k * c_batch + b
56              loss_fun = tf.reduce_mean(tf.math.pow(hat_A - A_batch,2))
57
58          grads = tape.gradient(loss_fun,model.variables)
59          optimizer.apply_gradients(zip(grads,model.variables))
60
61      if epoch > 0 and (epoch+1)%epshow == 0:
62          print("epoch %d, k = %f, b = %f, 损失函数 = %f" % (
63              epoch+1,model.variables[0].numpy(),model.variables[1].numpy(),
64              loss_fun))
65
66  """
67  运行结果:
68  epoch 200, k = 0.482823, b = 0.268453, 损失函数 = 0.003506
69  epoch 400, k = 0.592939, b = 0.209317, 损失函数 = 0.002622
70  epoch 600, k = 0.600647, b = 0.206782, 损失函数 = 0.004041
71  epoch 800, k = 0.602118, b = 0.208749, 损失函数 = 0.002075
72  epoch 1000, k = 0.594694, b = 0.206938, 损失函数 = 0.001784
73  epoch 1200, k = 0.599350, b = 0.207490, 损失函数 = 0.001724
74  epoch 1400, k = 0.599712, b = 0.205404, 损失函数 = 0.002063
75  epoch 1600, k = 0.600660, b = 0.204496, 损失函数 = 0.002282
76  epoch 1800, k = 0.604246, b = 0.205373, 损失函数 = 0.002938
77  epoch 2000, k = 0.601915, b = 0.209566, 损失函数 = 0.002335
78  """
```

第 17 行定义了一个 Linearfit 类，它继承了 tf.keras.Model 类。这个类中定义了一个只有一个输出单元（units=1）的全连接层，并且对 kernel 和 bias 进行了初始化。这里的 kernel 对应于权重矩阵，在一元线性回归的例子中就是斜率；bias 是偏置，对应于线性方程的截距。这个全连接层的定义等同于定义了一元线性回归的计算，并且在 tf.keras.Model

模块中自动执行，这样就免去了显式定义计算模式的做法（参见第 55 行）。后续如果需要扩充到多元线性回归分析，基本不需要对代码进行大的改动。第 58 行的 model.variables 直接调用模型的相关参数，不需要人为设定，这样也便于代码的拓展应用。

参 考 文 献

李锡涵, 李卓恒, 朱金鹏. 2020. 简明的 TensorFlow 2. 北京: 人民邮电出版社.

梁逸曾, 吴海龙, 俞汝勤. 2016. 分析化学手册. 10. 化学计量学. 3 版. 北京: 化学工业出版社.

沈海林, 梁逸曾, 俞汝勤, 等. 1997. 香港大气颗粒物中多环芳烃的 HELP 法解析. 中国科学: 化学, 27(6): 556-563.

中国科学院数学研究所数理统计组. 1974. 回归分析方法. 北京: 科学出版社.

Bai W L, Ren M, Hopke P K, et al. 2008. A similarity measure for two-dimensional fluorescent spectra. Applied Spectroscopy, 63(7): 810-814.

Bro R. 1997. PARAFAC: Tutorial and applications. Chemometrics and Intelligent Laboratory Systems, 38(2): 149-171.

Burdick D S. 1995. An introduction to tensor products with applications to multiway data analysis. Chemometrics and Intelligent Laboratory Systems, 28(2): 229-237.

Burger B, Maffettone P M, Gusev V V, et al. 2020. A mobile robotic chemist. Nature, 583(7815): 237-241.

Carroll J D, Chang J J. 1970. Analysis of individual differences in multidimensional scaling via an n-way generalization of "Eckart-Young" decomposition. Psychometrika, 35(3): 283-319.

Cattell R B, Cattell A K S. 1955. Factor rotation for proportional profiles: Analytical solution and example. British Journal of Statistical Psychology, 8(2): 83-92.

Cattell R B. 1944. "Parallel proportional profiles" and other principles for determining the choice of factors by rotation. Psychometrika, 9(4): 267-283.

Chen Z P, Wu H L L, Jiang J H H, et al. 2000. A novel trilinear decomposition algorithm for second-order linear calibration. Chemometrics and Intelligent Laboratory Systems, 52(1): 75-86.

Chen Z P, Wu H L, Yu R Q. 2001. On the self-weighted alternating trilinear decomposition algorithm—the property of being insensitive to excess factors used in calculation. Journal of Chemometrics, 15: 439-453.

Cheng D C, Iglarsh H J. 1976. Principal component estimators in regression analysis. Review of Economics and Statistics, 58(2): 229-234.

Cobas J C, Bernstein M A, Martín-Pastor M, et al. 2006. A new general-purpose fully automatic baseline-correction procedure for 1D and 2D NMR data. Journal of Magnetic Resonance, 183(1): 145-151.

Cuesta S F, Toft J, Bogaert B V D, et al. 1996. Orthogonal projection approach applied to peak purity assessment. Analytical Chemistry, 68(1): 79-85.

de Jong S. 1993. SIMPLS: An alternative approach to partial least squares regression. Chemometrics and Intelligent Laboratory Systems, 18(3): 251-263.

de Rooi J J, Eilers P H C, Rooi J J D. 2012. Mixture models for baseline estimation. Chemometrics and Intelligent Laboratory Systems, 117: 56-60.

Eilers P H C. 2003. A perfect smoother. Analytical Chemistry, 75(14): 3631-3636.

Fukushima K. 1980. Neocognitron: A self-organizing neural network model for a mechanism of pattern recognition unaffected by shift in position. Biological Cybernetics, 36(4): 193-202.

Gampp H, Maeder M, Meyer C J, et al. 1985. Calculation of equilibrium constants from multiwavelength spectroscopic data (I): Mathematical considerations. Talanta, 32(2): 95-101.

Gampp H, Maeder M, Meyer C J, et al. 1985. Calculation of equilibrium constants from multiwavelength spectroscopic data (IV): Model-free least-squares refinement by use of evolving factor analysis. Talanta, 33(12): 943-951.

Gan F, Hopke P K. 2012. Technical details of the equation oriented system. Chemometrics and Intelligent Laboratory Systems, 118: 74-78.

Gan F, Ruan G H, Mo J Y. 2006. Baseline correction by improved iterative polynomial fitting with automatic threshold. Chemometrics and Intelligent Laborary Systems, 82(1-2): 59-65.

Gan F, Xu Q S, Liang Y Z. 2001. Two novel procedures for automatic resolution of two-way data from coupled chromatography. Analyst, 126(2): 161-168.

Guo W Q, Gan F, Kong H H, et al. Signal model of electronic noses with metal oxide semiconductor. Chemometrics and Intelligent Laborary Systems, 143: 130-135.

Harshman R A, Lundy M E. 1984. Research methods for Multimode data analysis. New York: Praeger.

Harshman R A, Lundy M E. 1994. PARAFAC: Parallel factor analysis. Computational Statistics & Data Analysis, 18(1): 39-72.

Harshman R A. 1970. Foundations of the PARAFAC procedure: Models and conditions for an "explanatory" multimodal factor analysis. UCLA Working Papers in Phonetics, 16: 1-84.

Harshman R A. 1972. Determination and proof of minimum uniqueness conditions for PARAFAC1. UCLA Working Papers in Phonetics, 22(22): 111-117.

Hopfield J J. 1982. Neural networks and physical systems with emergent collective computational abilities. Proceedings of the National Academy of Sciences of the United States of America, 79(8): 2554-2558.

Keller H R, Massart D L. 1991. Peak purity control in liquid chromatography with photodiode-array detection by a fixed size moving window evolving factor analysis. Analytica Chimica Acta, 246: 379-390.

Kelley H J. 1960. Gradient theory of optimal flight paths. ARS Journal, 30(10): 947-954.

Kruskal J B. 1977. Three-way arrays: Rank and uniqueness of trilinear decompositions, with application to arithmetic complexity and statistics. Linear Algebra and its Applications, 18(2): 95-138.

Kvalheim O M, Liang Y Z. 1992. Heuristic evolving latent projections: resolving two-way multicomponent data. 1. Selectivity, latent-projective graph, datascope, local rank, and unique resolution. Analytical Chemistry, 64(8): 936-946.

Lawton W E, Sylvester E A. 1971. Self-modeling curve resolution. Technometrics, 13: 617-633.

Liang Y Z, Kvalheim O M, Keller H R, et al. 1992. Heuristic evolving latent projections: Resolving two-way multicomponent data. 2. Detection and resolution of minor constituents. Analytical Chemistry, 64(8): 946-953.

Maeder M. 1987. Evolving factor analysis for the resolution of overlapping chromatographic peaks. Analytical Chemistry, 59(3): 527-530.

Manne R. 1995. On the resolution problem in hyphenated chromatography. Chemometrics and Intelligent Laboratory Systems, 27(1): 89-94.

Massy W F. 1965. Principal components regression in exploratory statistical research. Journal of the

American Statistical Association, 60(309): 234-256.

McCallum B T. 1970. Artificial orthogonalization in regression analysis. Review of Economics and Statistics, 52(1): 110-113.

McCulloch W S, Pitts W. 1943. A logical calculus of the ideas immanent in nervous activity. Bulletin of Mathematical Biophysics, 5(4): 115-133.

Minsky M, Papert S. 1969. Perceptrons: An Introduction to Computational Geometry. Cambridge: MIT Press.

Paatero P, Tapper U. 1994. Positive matrix factorization: A non-negative factor model with optimal utilization of error estimates of data values. Environmetrics, 5(2): 111-126.

Paatero P. 1999. The multilinear engine: A table-driven, least squares program for solving multilinear problems, including the n-way parallel factor analysis model. Journal of Computational and Graphical Statistics, 8(4): 854-888.

Pearson K. 1901. On lines and planes of closest fit to systems of points in space. Philosophical Magazine Series 6, 2(11): 559-572.

Rajko R, Omidikia N, Abdollahi H, et al. 2017. On uniqueness of the non-negative decomposition of two- and three-component three-way data arrays. Chemometrics and Intelligent Laboratory Systems, 160: 91-98.

Rosenblatt F. 1957. The Perceptron: A Perceiving and Recognizing Automaton Project Para. New York: Cornell Aeronautical Laboratory.

Rosenblatt F. 1958. The perceptron: A probabilistic model for information storage and organization in the brain. Psychological Review, 65(6): 386-408.

Rumelhart D E, Hinton G E, Williams R J. 1986. Learning representations by back-propagating errors. Nature, 323(60888): 533-536.

Savitzky A, Golay M J E. 1964. Smoothing and differentiation of data by simplified least squares procedures. Analytical Chemistry, 36(8): 1627-1639.

Wang J H, Hopke P K. 2001. Equation-oriented system: An efficient programming approach to solve multilinear and polynomial equations by the conjugate gradient algorithm. Chemometrics and Intelligent Laborary Systems, 55(1-2): 13-22.

Wang Y, Mo J Y. 2003. Estimating of baseline in capillary electrophoresis signals. Chemical Journal on Internet, 5(2): 16-19.

Werbos P J. 1974. Beyond regression: New tools for prediction and analysis in the behavioral sciences. Cambridge: Harvard University.

Whittaker E T. 1922. On a new method of graduation. Proceedings of the Edinburgh Mathematical Society, 41: 63-75.

Widrow B. 1960. Adaptive “Adaline” neuron using chemical “memistors”. Technical report No. 1553-2. Stanford: Stanford Electronics Laboratories.

Wold H. 1966. Estimation of principal component and related models by iterative least squares//Krishnaiaah P R. Multivariate Analysis. New York: Academic Press: 391-420.

Wold H. 1975. Path models with latent variables: the NIPALS approach//Blalock H M. Quantitative Sociology: International Perspectives on Mathematical and Statistical Model Building. New York: Academic Press: 307-357.

Wu H L, Shibukawa M, Oguma K. 1998. An alternating trilinear decomposition algorithm with application to calibration of HPLC-DAD for simultaneous determination of overlapped chlorinated aromatic hydrocarbons. Journal of Chemometrics, 12: 1-26.

Yamazoe N, Sakai G, Shimanoe K. 2003. Oxide semiconductor gas sensors. Catalysis Surveys from Asia, 7(1): 63-75.

Zhang Z M, Chen S, Liang Y Z. 2010. Baseline correction using adaptive iteratively reweighted penalized least squares. Analyst, 135(5): 1138-1146.